Darstellen
Daten in Diagrammen und Tabellen darstellen

	Deutschland	Finnland	Italien

Landfläche	350 000 km²	300 000 km²	
Wasserfläche	8 000 km²		7 000 km²
Einwohnerzahl		5 Mio.	60 Mio.

1

a) Lies im Diagramm die Landfläche von Italien ab und trage sie in die Tabelle ein.

b) Entnimm der Tabelle die Landflächen von Deutschland und Finnland. Zeichne dazu die Säulen in das Diagramm.

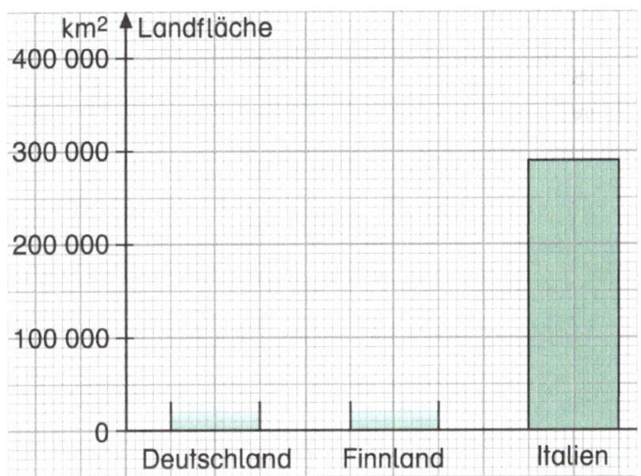

2

a) Lies im Diagramm die Wasserfläche von Finnland ab und trage sie in die Tabelle ein.

b) Entnimm der Tabelle die Wasserflächen von Deutschland und Italien. Zeichne dazu die Säulen in das Diagramm.

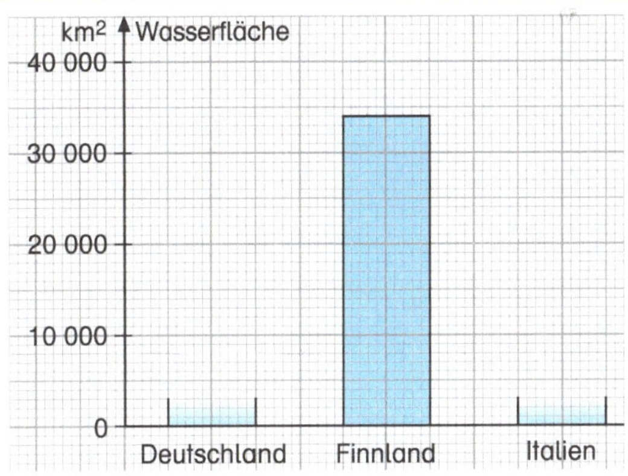

3

a) Trage die dargestellte Einwohnerzahl von Deutschland in die Tabelle oben ein.

b) Zeichne die Figuren zu den Einwohnerzahlen von Finnland und Italien.

 10 Mio. Besucher

 1 Mio. Besucher

Deutschland	
Finnland	
Italien	

Daten in Diagrammen darstellen, Diagramme interpretieren

1 Trage die Punkte zu den Einwohnerzahlen der Slowakei für 1980 bis 2010 in das Diagramm ein und verbinde sie.

Jahr	Einwohnerzahl
1960	4,1 Mio.
1970	4,5 Mio.
1980	5,0 Mio.
1990	5,3 Mio.
2000	5,4 Mio.
2010	5,4 Mio.

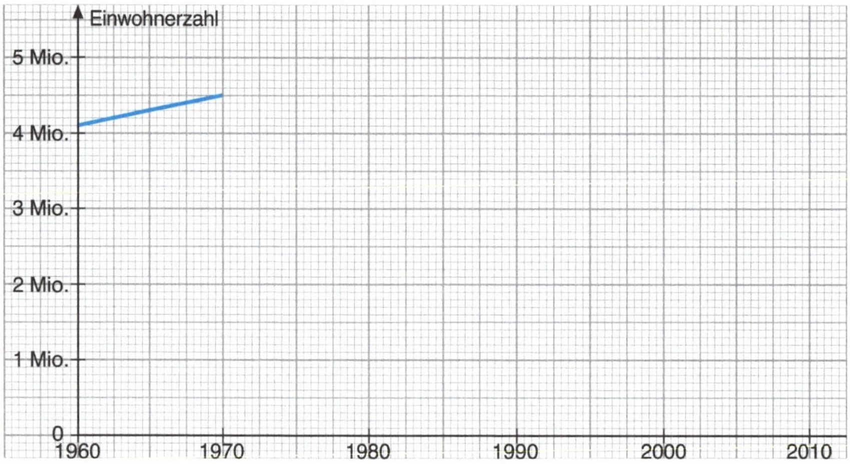

2 In der Tabelle stehen die Einwohnerzahlen für Deutschland, Frankreich und die Türkei. Erstelle damit ein Diagramm zur Entwicklung der Einwohnerzahlen in diesen Ländern.

	1960	1970	1980	1990	2000	2010
Deutschland	73 Mio.	78 Mio.	78 Mio.	79 Mio.	82 Mio.	82 Mio.
Frankreich	46 Mio.	51 Mio.	54 Mio.	57 Mio.	59 Mio.	63 Mio.
Türkei	28 Mio.	36 Mio.	46 Mio.	57 Mio.	66 Mio.	75 Mio.

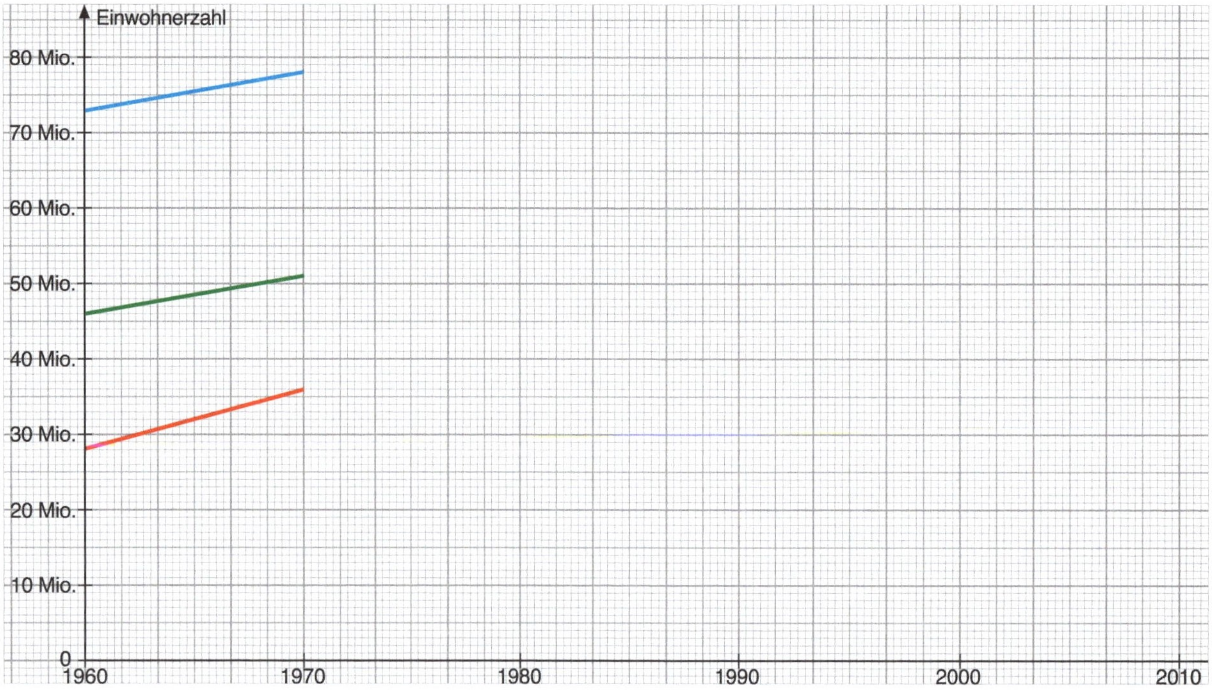

3 a) In welchem Land ist von 1960 bis 2010 die Einwohnerzahl am geringsten gestiegen, in welchem Land am stärksten?

A: ______________________________

b) In welchem Jahr hatten Frankreich und die Türkei die gleiche Einwohnerzahl? Schreibe auf, woran du das im Diagramm erkennst.

A: ______________________________

Wahlergebnisse in Diagrammen darstellen

Der 17. Deutsche Bundestag wurde gewählt am 27. September 2009. Wahlberechtigt waren 62,2 Millionen Deutsche, aber nur 44 Millionen Menschen gingen zur Wahl.

Verteilung der Erststimmen:
39,4 % gaben ihre Stimme der CDU/CSU,
27,9 % gaben ihre Stimme der SPD.
Die Partei DIE LINKE bekam 11,1 % der Stimmen.
Die FDP erhielt 9,4 % der Stimmen.
Die GRÜNEN kamen auf 9,2 %.
Die sonstigen Parteien scheiterten mit insgesamt 3 % alle an der 5 %-Hürde.

1 Übertrage die Prozentsätze in die Tabelle.

CDU/CSU	SPD	DIE LINKE	FDP	GRÜNE	Sonstige
%	%	%	%	%	%

2 Das Wahlergebnis ist in Diagrammen dargestellt. Ordne die Parteien den Säulen und Kreisausschnitten zu.

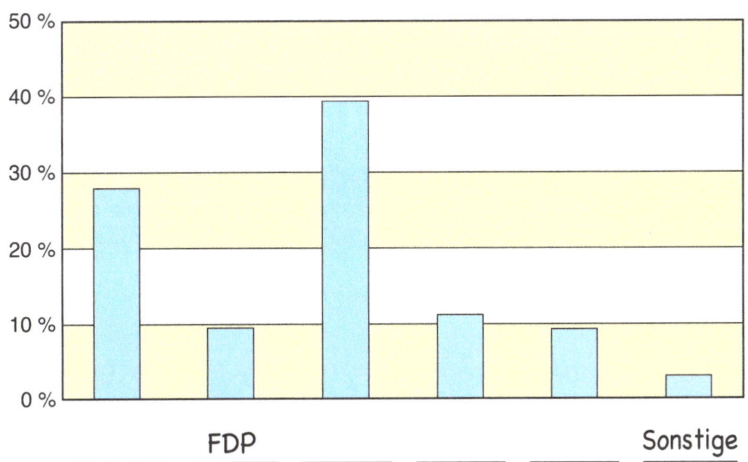

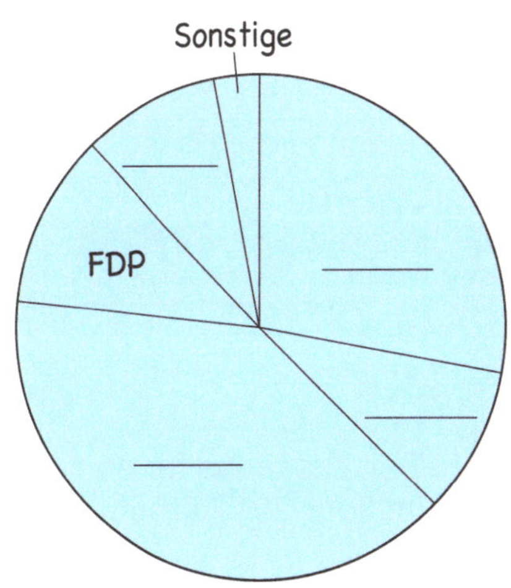

3 Was erkennst du im Säulendiagramm besser, wofür erscheint dir das Kreisdiagramm besser geeignet? Kreuze an.

	Säulen-diagramm	Kreis-diagramm
(1) Man erkennt in dem Diagramm sofort, ob eine Partei weniger als 10 % der Stimmen hat.		
(2) In dem Diagramm sind kleine Unterschiede besser zu erkennen.		
(3) In dem Diagramm sind die Prozentsätze genauer abzulesen.		
(4) Man erkennt in dem Diagramm leicht, welche Parteien zusammen eine Mehrheit der Stimmen haben.		

Täuschungen in Diagrammen erkennen

1

Umgehungsstraße bringt große Entlastung

Seit der Einweihung der Umgehungsstraße am 1. Juni ist die Anzahl der Lkw-Durchfahrten in Zweilinden stark zurückgegangen, wie unser Diagramm zu den Zahlen für Mai und Juni zeigt.

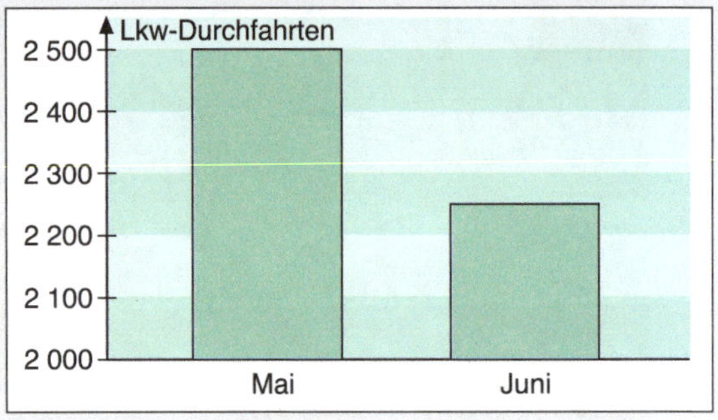

Umgehungsstraße entlastet Anwohner kaum

Die am 1. Juni eingeweihte Umgehungsstraße um Zweilinden hat die Zahl der Lkw-Durchfahrten kaum verringert. Dies ist unserem Diagramm zu den Zahlen für Mai und Juni klar zu entnehmen.

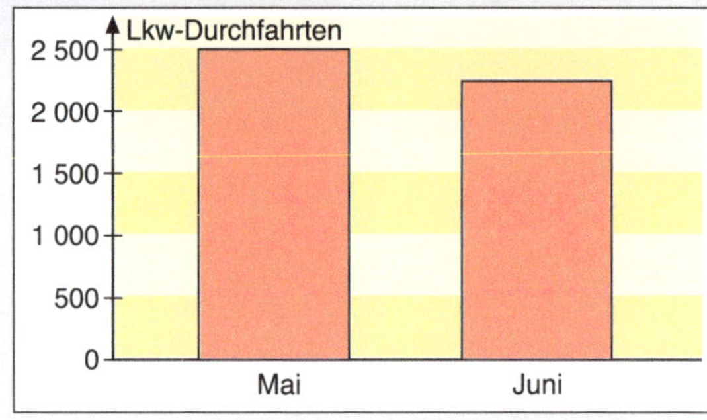

Lies die Zeitungsmeldungen. Woran liegt es, dass in beiden Diagrammen der Rückgang der Lkw-Durchfahrten unterschiedlich groß erscheint?

A: ____________________

2

Das Diagramm soll darstellen, wie viele Fahrgäste sich 2010 und 2011 bei dem Verkehrsunternehmen VBU beschwert haben. Erstelle ein Diagramm, das den Rückgang der Beschwerdefälle richtig darstellt. Schreibe dazu eine Überschrift für die Zeitung.

Viel weniger Beschwerden bei der VBU

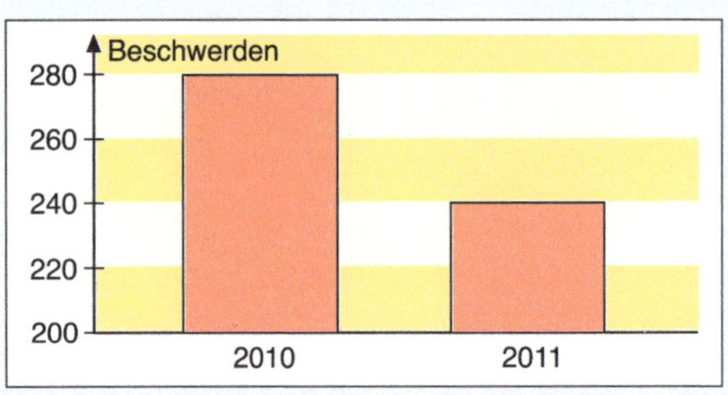

____

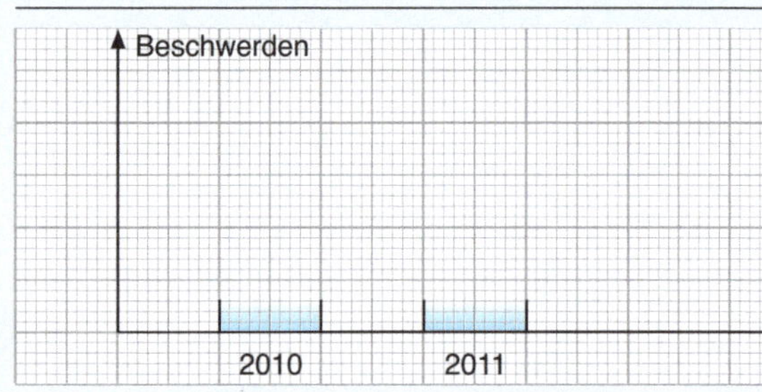

3

Der Zuschuss für das Jugendzentrum in Lauen wurde von 1 200 € im Jahr 2010 auf 1 800 € im Jahr 2011 erhöht. Welches Diagramm stellt die Erhöhung realistisch dar? Kreuze an.

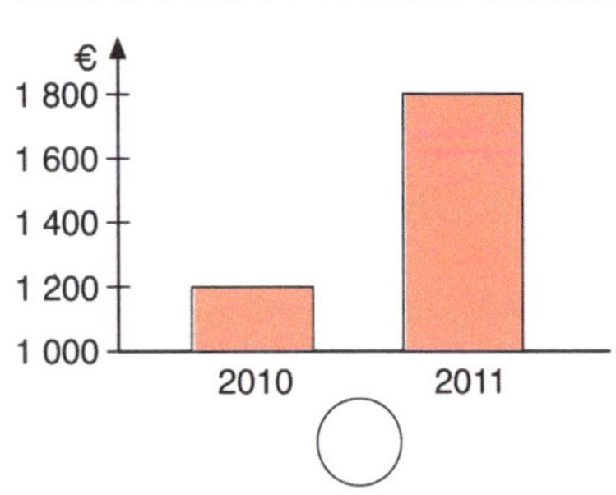

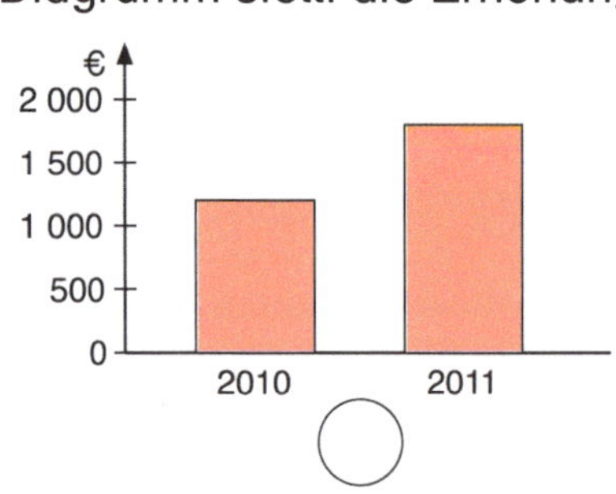

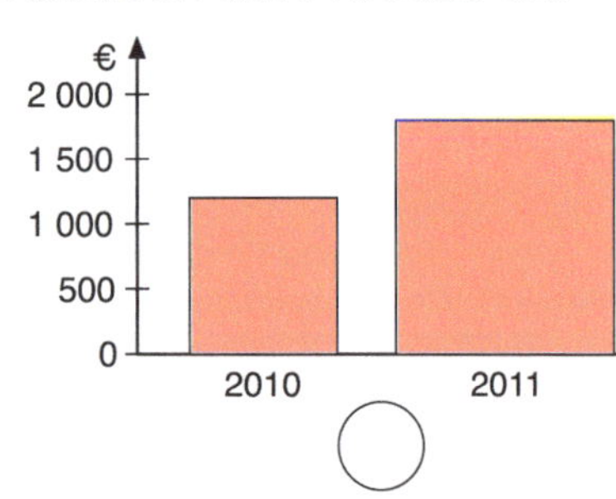

4

a) Schreibe auf, was das Bild vortäuschen soll.

____

b) Miss die Länge der roten Rechtecke. Was stellst du fest?

____

Negative Zahlen darstellen

1 Ordne die Zahlen zu.

a) –57   –36   –21   –7   9   31

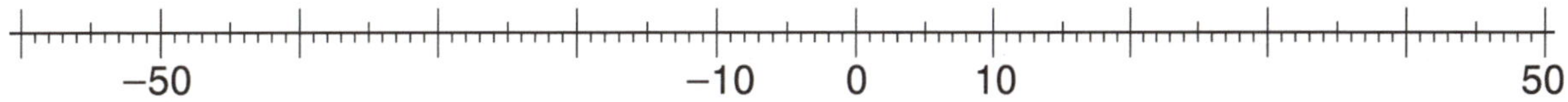

b) –6,2   –4,4   –2,8   –1,2   0,9   2,3   3,1

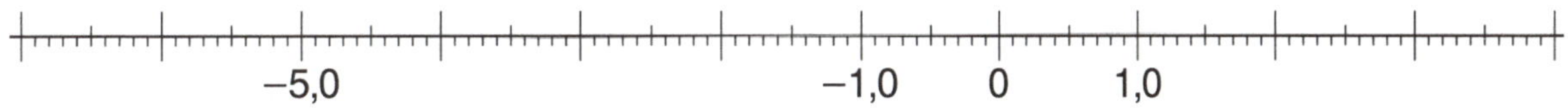

2 Daniel hat im Februar die Temperatur gemessen. Zeichne ein Schaubild.

3. Feb.	4. Feb.	5. Feb.	6. Feb.	7. Feb.	8. Feb.	9. Feb.	10. Feb.
–2°C	–12°C	–8°C	–6°C	–6°C	0°C	2°C	–1°C

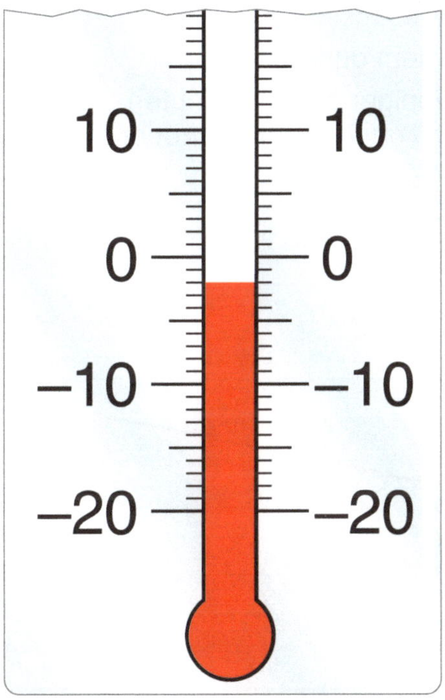

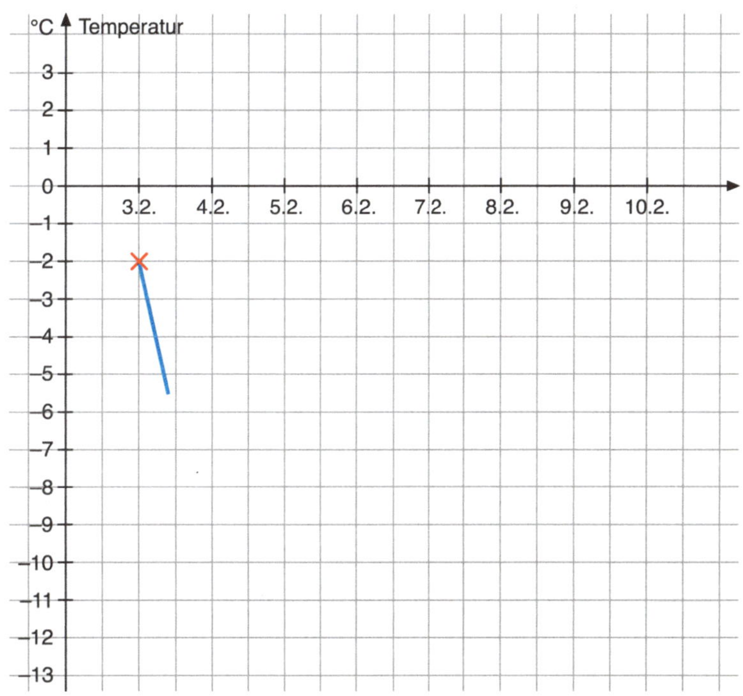

3 Gegenstände sind ins Wasser gefallen. Markiere, in welcher Tiefe sie liegen.

Brille	–10 m
Flasche	–30 m
Kiste	–50 m
Schlüssel	–20 m
Münze	–55 m
Ring	–60 m

Schaubilder von Zuordnungen interpretieren

1 Ordne die Monatstarife für Mobilfunk den Schaubildern zu.

Standard: Grundbetrag 8 €; 60 Freiminuten; jede weitere Minute 0,15 €	**Comfort:** Kein Grundbetrag; jede Minute: 0,25 €	**Easy:** Grundbetrag: 4 €; jede Minute: 0,09 €	**Fun:** Kein Grundbetrag; die ersten 100 Minuten je 0,20 €; danach kostenlos

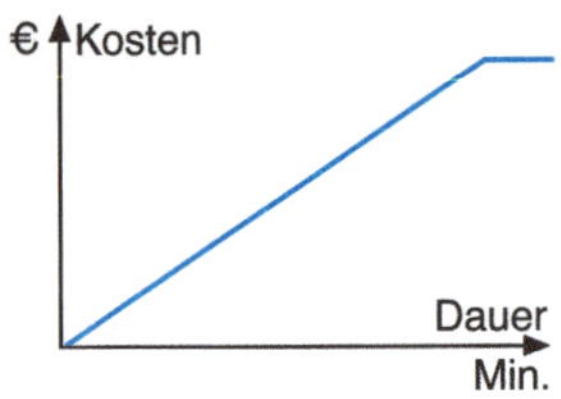

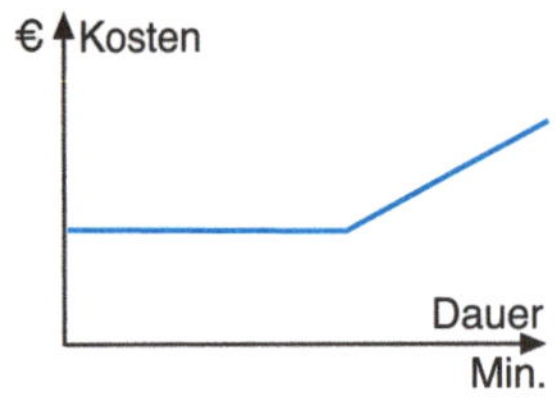

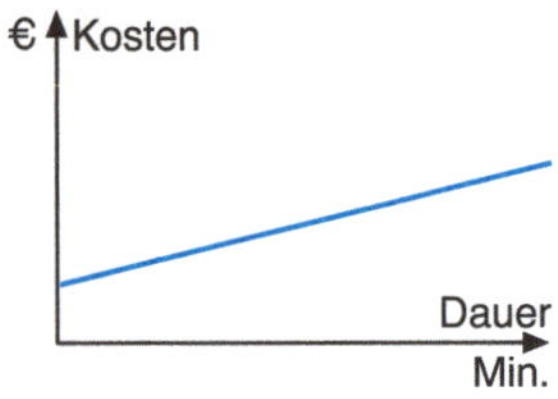

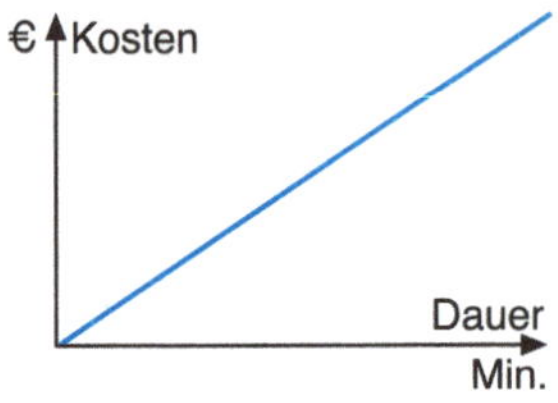

______ ______ ______ ______

2 Hier sind die Bedingungen für zwei weitere Monatstarife.

Call-U: Kein Grundbetrag; die ersten 60 Minuten je 0,25 €, jede weitere Minute 0,10 €

Flat: Für 30 € beliebig viele Minuten telefonieren

a) Zu welchem Tarif gehört das Schaubild? Schreibe die Bezeichnung des Tarifs an das Schaubild.

b) Ergänze das Schaubild mit dem anderen Tarif.

c) Olga telefoniert im Monat weniger als 180 Minuten. Welcher Tarif ist für sie günstiger? Lies im Schaubild ab.

A: ______

d) Für Jan ist der Tarif Flat günstiger. Wie viele Minuten telefoniert er mindestens im Monat? Das Schaubild hilft.

A: ______

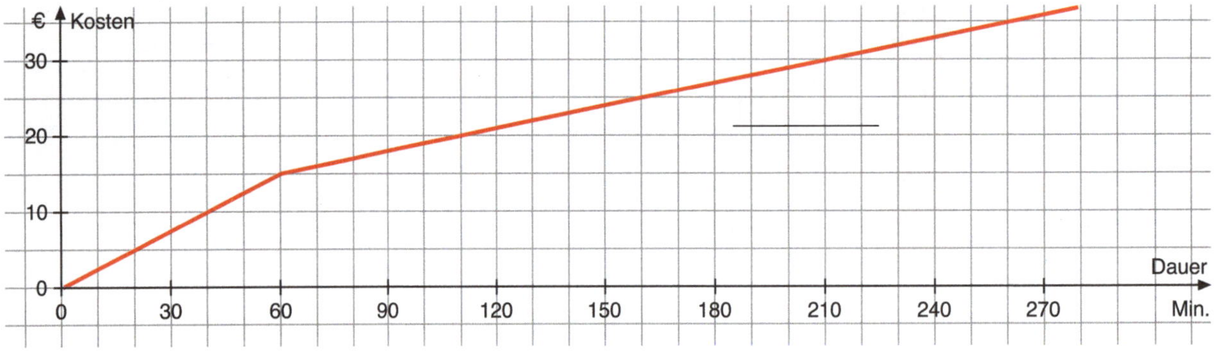

3 Ein Platz wird gepflastert. Ordne die Schaubilder den Texten zu. Ein Bild bleibt übrig.

Ⓐ Je mehr Stunden gearbeitet wird, desto größer ist die gepflasterte Fläche.	Ⓑ Je mehr Arbeiter arbeiten, desto kürzer ist die Zeit für das Pflastern des Platzes.	Ⓒ Je mehr Stunden gearbeitet wird, desto kleiner ist die noch nicht gepflasterte Fläche.

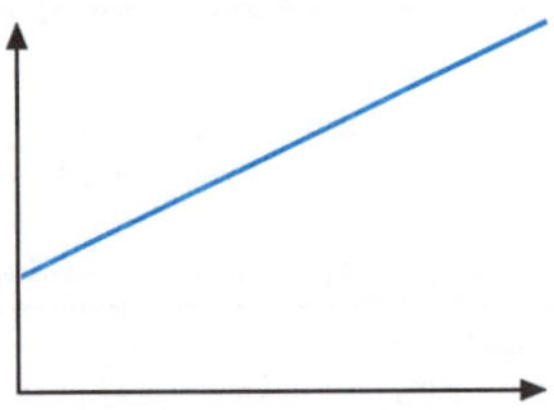
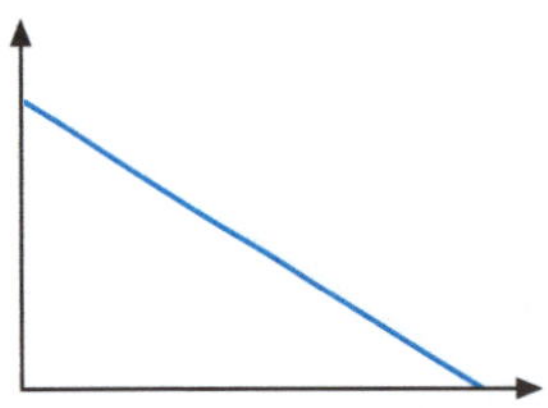
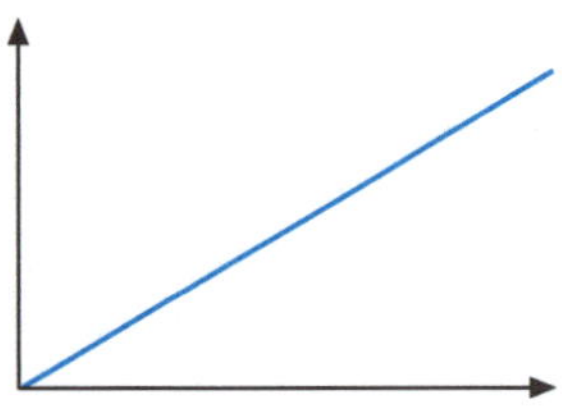
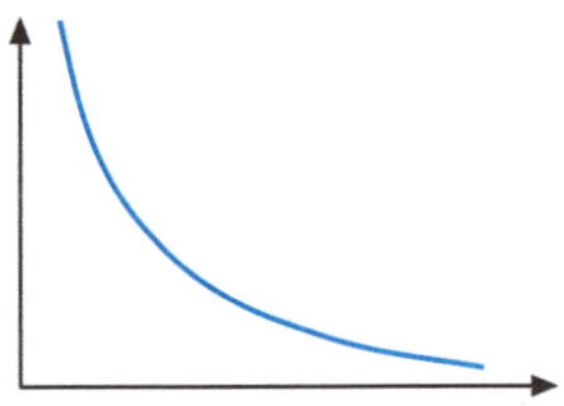

______ ______ ______ ______

Modellieren
Sachsituationen mit mathematischen Mitteln bearbeiten

1 Jan und Kevin aus Stadthagen planen eine Fahrt nach Hannover zum Bundesligaspiel. Sie informieren sich über den Fahrplan und die Preise für die Linie S1 und den RE 4849.

		S1	S1	RE 4849
Stadthagen Bhf	ab	12:50	13:50	14:21
Lindhorst	ab	12:45	13:54	
Haste	ab	13:00	14:00	14:30
Wunstorf	ab	13:09	14:09	14:36
Seelze	ab	13:18	14:18	
Letter	ab	13:21	14:21	
Hannover Hbf	an	13:30	14:30	14:50

Einzelfahrschein
Gültig für einfache Fahrt Stadthagen–Hannover 9,10 €

Länderticket Niedersachsen
Für 2 Personen
Gültig für 1 Tag für beliebig viele Fahrten in ganz Niedersachsen 25 €

a) Stimmt die Aussage? Kreuze an.
- ◯ Die Fahrt mit dem RE 4849 dauert länger als die Fahrt mit der S1.
- ◯ Von Stadthagen bis Haste benötigt die S1 10 Minuten.
- ◯ Wenn die beiden um 14.21 in Stadthagen losfahren, sind sie um 14.39 in Hannover.

b) Ergänze die fehlenden Werte.

Die S1 benötigt für die Fahrt von Stadthagen nach Hannover ____ Min.	Die Fahrt mit der S1 dauert ____ Minuten länger als die Fahrt mit dem RE 4849.	Hin- und Rückfahrt kosten mit Einzelfahrscheinen für eine Person ____ €.

c) Länderticket oder Einzelfahrscheine? Wie würdest du dich entscheiden? Begründe.

A: ______________________________

2 Jan und Kevin wählen ermäßigte Stehplatzkarten im Block N1–N8. In der Halbzeitpause möchte sich jeder eine Bratwurst und eine Limo kaufen.

Block	Normalpreise	ermäßigt
W3 – W5	35 €	25 €
W13 – W16	35 €	25 €
W1, W2, W6, W7	30 €	20 €
N10 – N15	22 €	18 €
N1 – N8	13 €	9 €
O13 – O14	44 €	–
S1 – S5	22 €	18 €

Die Blöcke S6 – S9 und S15 – S19 sind für die Fans der Gast-Mannschaft reserviert.

Kiosk

Cola / Limo	**2,50 €**	**Bratwurst**	**2,70 €**
Bier	**3,20 €**	**Krakauer**	**3,00 €**

F: Wie viel Euro muss jeder der beiden für Eintritt und Verpflegung einplanen?

A: ______________________________

1 Lies die Zeitungsmeldung. Dann prüfe, welche Aussagen stimmen. Kreuze an.

Benzinpreise steigen weiter – Autofahren wird immer teurer

Im Jahr 2000 kostete 1 l Benzin durchschnittlich 1,00 €. 10 Jahre vorher waren es noch 30 Cent weniger. Im Jahr 2010 lag der Durchschnittspreis für Benzin dann schon bei 1,40 €. Von 1985 bis 2010 hat sich der Benzinpreis damit verdoppelt.

- ◯ Vor 10 Jahren war Benzin teurer als heute.
- ◯ 1990 kostete 1 l Benzin etwa 1,30 €.
- ◯ 2010 war 1 l Benzin etwa 40 Cent teurer als im Jahr 2000.
- ◯ 1985 lag der Benzinpreis bei 0,70 €.
- ◯ 1985 bezahlte man für 50 l Benzin weniger als 30 €.

2 Herr Barg plant den Kauf eines Autos. Er fährt jährlich ungefähr 30 000 km.

a) Berechne den jährlichen Benzinverbrauch für jedes der beiden Modelle.

Cumba
Verbrauch:
9,5 l auf 100 km

Laros
Verbrauch:
6,5 l auf 100 km

A:

b) Herr Barg rechnet mit einem Benzinpreis von 1,50 € pro Liter. Wie viel Euro Benzinkosten spart er im Jahr, wenn er das Modell Laros wählt? Kreuze an.

◯ 1 350 € ◯ 1 750 € ◯ 2 250 €

3 Frau Fayeq fährt jährlich ungefähr 20 000 km. Sie möchte ihr Auto noch 5 Jahre fahren. Lohnt sich die Umrüstung auf Autogas? Ergänze den Rechenplan.

Benzin
Verbrauch 8 l auf 100 km
Preis: 1,56 € pro Liter

Autogas
Verbrauch: 9,5 l auf 100 km
Preis: 0,65 € pro Liter
Umrüstkosten: Einmalig 2 500 €

	Benzin	Autogas
Verbrauch in einem Jahr		
Verbrauch in 5 Jahren		
Kraftstoffkosten in 5 Jahren		
Umrüstkosten		
Gesamtkosten		

A:

Zusammenhänge erkennen, Alltagswissen nutzen und Daten ermitteln

1 Die Landkarte zeigt die Insel Gran Canaria. Du sollst bestimmen, wie groß die Fläche von Gran Canaria ungefähr ist.

a) Welche Angaben helfen dir dabei? Kreuze an.

- ◯ Gran Canaria liegt im Atlantischen Ozean.
- ◯ Gran Canaria hat annähernd die Form eines Kreises.
- ◯ Gran Canaria ist eine Insel.
- ◯ Gran Canaria hat einen Radius von ungefähr 23 km.

b) Berechne, wie viel km^2 groß die Fläche von Gran Canaria ungefähr ist.

A: ______________________

2 Das Pulvermaar in der Eifel ist ein See, der durch einen Vulkan entstanden ist.

a) Wie groß ist ungefähr der Umfang des Pulvermaars?

A: ______________________

b) Isabell möchte um das Pulvermaar herumwandern. Schafft sie das in 2 Stunden, wenn der Weg nah am Ufer verläuft?

A: ______________________

3 Die Werbeagentur *Ikarus* beklebt die Plakatsäule mit zwei gleich großen Plakaten.

a) Schätze die Maße der Plakatsäule.

Höhe: _____ Durchmesser: _____

b) Wie breit kann jedes der beiden Plakate ungefähr sein?

A: ______________________

c) Wie groß ist die Fläche der Plakatsäule, die beklebt werden kann?

A: ______________________

Sachaufgaben mit Skizzen lösen

1 Die Orte Hochstadt und Bergdorf sind 115 km voneinander entfernt. Peter und Olga wollen sich treffen. Peter startet in Bergdorf, Olga startet in Hochstadt. Peter hat 20 km zurückgelegt. Olga ist schon doppelt so weit gefahren.

a) Welche Skizze passt zum Text? Kreuze an.

○ 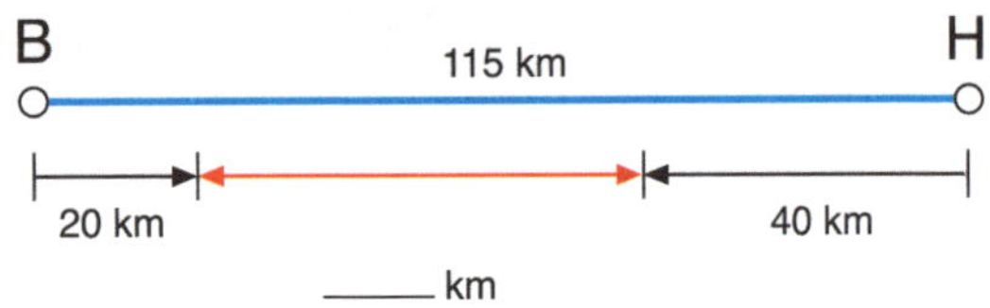

○ 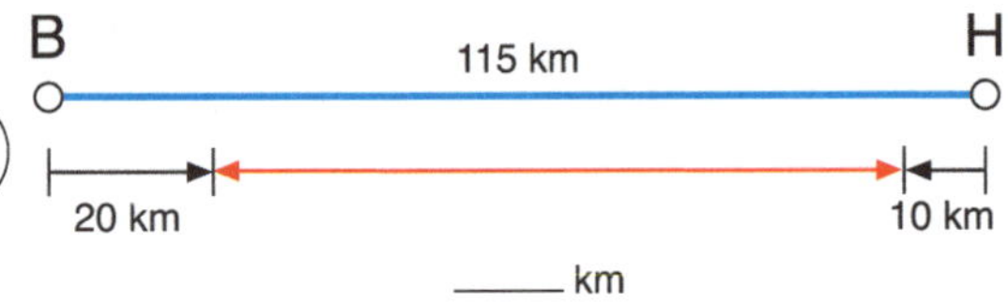

b) Wie weit sind Peter und Olga voneinander entfernt? Ergänze den fehlenden Wert.

A: ______________________________

2 Ein Tunnel soll 5,8 km lang werden. Die Bauarbeiten beginnen gleichzeitig an beiden Seiten des Berges. Nach 2 Monaten ist der Tunnel auf der einen Seite 2,4 km lang. Auf der anderen Seite ist der Tunnel erst 900 m lang, weil das Gestein härter ist.
Wie weit sind die beiden Bohrtrupps voneinander entfernt? Löse mit Hilfe einer Skizze.

A: ______________________________

3 In einem Waldstück stehen ungefähr 60 000 Bäume. Es sind je zur Hälfte Laubbäume und Nadelbäume. Die Hälfte der Laubbäume und ein Drittel der Nadelbäume sind geschädigt.
Wie viele Bäume sind insgesamt geschädigt?
Vervollständige die Skizze. Trage die fehlenden Werte ein.

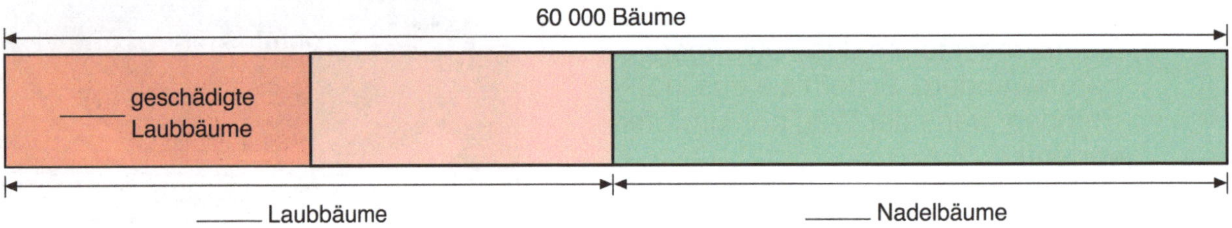

A: ______________________________

4 An einer Umfrage zum Leseverhalten nehmen 8 000 Jugendliche teil, je zur Hälfte Mädchen und Jungen.
25 % der Mädchen lesen regelmäßig eine Zeitschrift, bei den Jungen sind es 20 %.
Wie viele der befragten Jugendlichen lesen regelmäßig eine Zeitschrift?
Löse mit einer Skizze.

A: ______________________________

1 Eine quadratische Terrasse ist 25 m^2 groß. Die Terrasse wird in einer Richtung um 1,5 m verlängert.

a) Wie lang sind die Seiten der Terrasse vor und nach der Vergrößerung? Ergänze die Skizze. Trage die fehlenden Werte ein.

b) Berechne die Fläche der vergrößerten Terrasse.

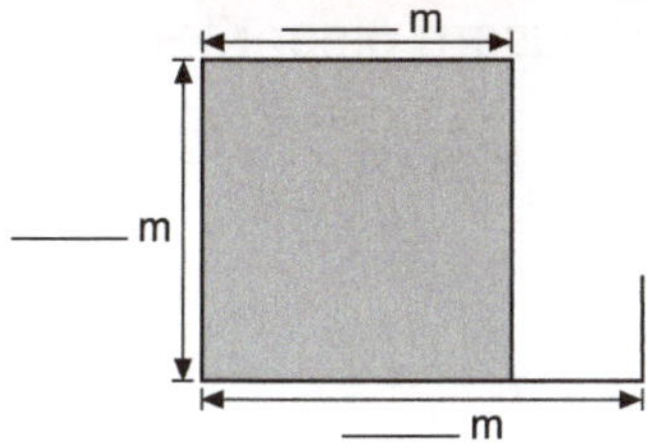

A: ______________________________

2 Felipe hat ein quadratisches Holzbrett mit der Seitenlänge 15 cm. Er sägt aus dem Brett den größtmöglichen Kreis aus.

a) Zeichne eine Skizze. Trage die bekannten Längen ein.

b) Wie groß ist der Radius des Kreises?

A: ______________________________

3 Aus einem rechteckigen Eisenblech sollen zwei Kreise mit dem Radius 23 cm ausgeschnitten werden. Dabei soll möglichst wenig Abfall entstehen.

a) Wie lang und wie breit muss das Eisenblech sein? Zeichne eine Skizze.

b) Berechne den Flächeninhalt des rechteckigen Eisenblechs.

A: ______________________________

4 In einer Fabrik wird Farbe in 12 cm hohe Dosen mit dem Radius 5 cm abgefüllt. Immer 6 Dosen werden in Dreier-Reihen platzsparend in quaderförmige Kartons verpackt.

a) Welche Maße hat ein Karton? Ergänze die Skizze. Trage die Zahlenwerte ein.

b) Berechne das Volumen eines Kartons.

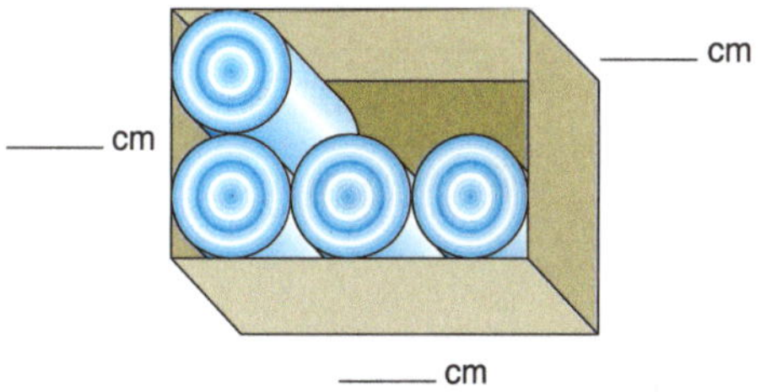

A: ______________________________

Sachaufgaben mit Schaubildern und Tabellen lösen

1 In den drei Parkhäusern einer Kleinstadt sind unterschiedliche Gebühren zu zahlen.

Parkhaus Neuer Markt	**Parkhaus Brückentor**	**Parkhaus Talstraße**
Bis 1 Stunde: 2 €	Jede begonnene Stunde 1 €	Bis 1 Stunde: 1 €
Jede weitere begonnene Stunde 1 €		Jede weitere begonnene Stunde 2 €

a) Trage die Preise ein.

b) Vervollständige das zugehörige Schaubild.

Parkhaus Neuer Markt	
h	€
1	
2	
3	
4	

Parkhaus Brückentor	
h	€
1	
2	
3	
4	

Parkhaus Talstraße	
h	€
1	
2	
3	
4	

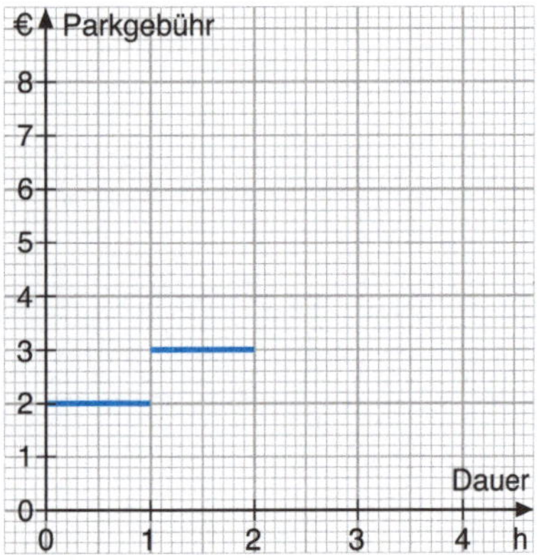

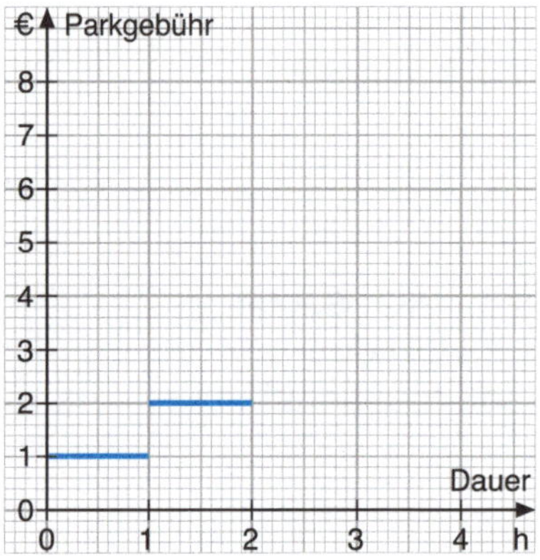

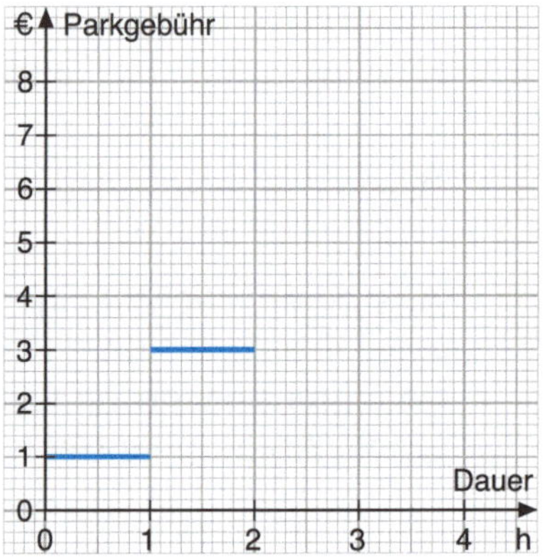

2

Parkhaus Burgturm
Für die ersten beiden Stunden je 2 €; jede weitere begonnene Stunde nur 50 Cent.

a) Vervollständige die Tabelle.

b) Erstelle ein Schaubild zur Tabelle, aus dem du die Kosten bis 8 Stunden Parkdauer ablesen kannst.

h	€
1	2,00
2	4,00
3	
4	
5	
6	6,00
7	

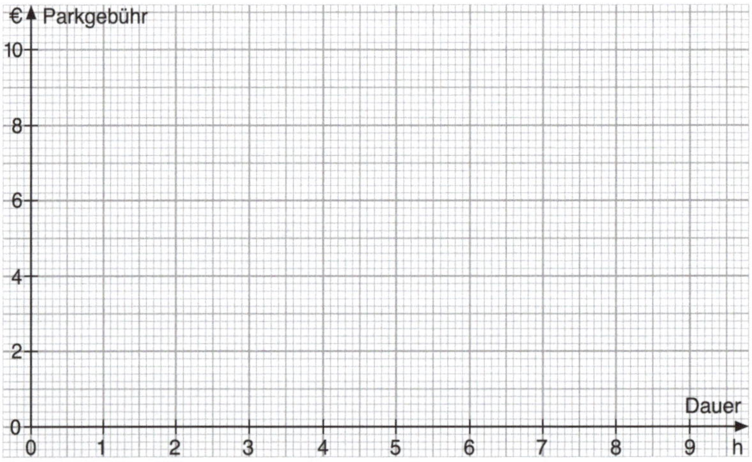

c) Wie hoch sind die Gebühren für eine Parkdauer von 12 Stunden und 18 Minuten?

A: ______________________________

1 Beim Bau des neuen Parkhauses am Rathaus sind verschiedene Arbeiten auszuführen.

a) Welche Tabelle gehört zum Text? Verbinde.

b) Berechne die fehlenden Werte in den Tabellen.

Die Hinweistafeln können von 4 Handwerkern in 9 Stunden angebracht werden. Es stehen aber nur 3 Handwerker zur Verfügung.

Der Treppenaufgang kann von 2 Handwerkern in 24 Stunden gepflastert werden. Die Arbeit muss aber schon in 12 Stunden erledigt sein.

Die Malerarbeiten können von 3 Handwerkern in 8 Stunden ausgeführt werden. Es stehen aber 4 Handwerker zur Verfügung.

Handwerker	h
1	24
2	
3	8
4	

Handwerker	h
1	
2	18
3	
4	9

Handwerker	h
1	48
2	24
3	
4	

2 Vor der Einweihung des Parkhauses werden 600 Werbezettel verteilt. Dafür können mehrere Personen eingesetzt werden.
Vervollständige die Tabelle. Wurden die Punkte im Schaubild richtig eingetragen? Prüfe.

Personen	Werbezettel
1	600
3	200
4	
	120
6	

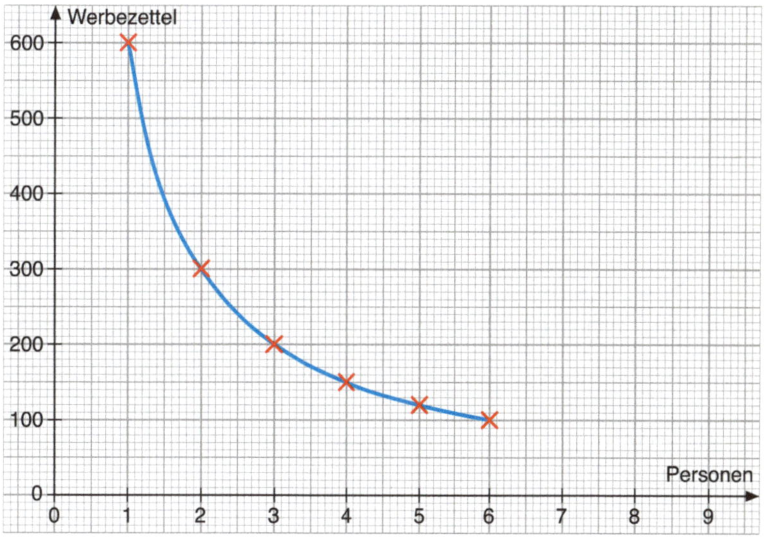

3 Ist die Zuordnung proportional (p) oder umgekehrt proportional (u)?
Kreuze an.

	p	u
a) Auf jedem Parkdeck werden 8 Strahler angebracht. Diese kosten zusammen 552 Euro. Wie viel Euro kosten 4 Strahler?		
b) 8 Handwerker benötigen 2 Stunden, um die Strahler anzubringen. Wie lange brauchen 4 Handwerker für diese Tätigkeit?		
c) Für 8 Arbeitsstunden erhält ein Handwerksbetrieb 272 Euro. Wie viel Euro erhält die Firma für 4 Arbeitsstunden?		
d) In 8 Arbeitsstunden kann ein Handwerker 16 Lampen montieren. Wie viele Handwerker könnten diese Arbeit in 4 Stunden erledigen?		

Sachsituationen zur Flächenberechnung

1 Der Flächeninhalt der Figuren soll berechnet werden. Ordne die passende Formel zu.

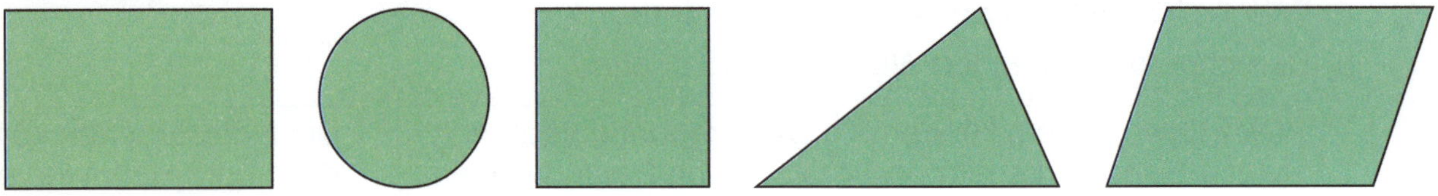

$A = \frac{g \cdot h}{2}$ | $A = a \cdot b$ | $A = g \cdot h$ | $A = \pi \cdot r^2$ | $A = a \cdot a$

2 Stimmt die Aussage? Kreuze an.

◯ Den Flächeninhalt eines Quadrates kann man berechnen, wenn man eine Seitenlänge kennt.

◯ Der Flächeninhalt eines Rechtecks verdoppelt sich, wenn man es in zwei Dreiecke zerlegt.

◯ Um den Flächeninhalt eines Dreiecks zu berechnen, muss man zwei Seitenlängen kennen.

◯ Ist der Durchmesser eines Kreises bekannt, so kann man den Flächeninhalt des Kreises berechnen.

3 Die Zeichnung zeigt ein Grundstück im Neubaugebiet Erlenkamp.
Ergänze die fehlenden Maße und berechne den Flächeninhalt des Grundstücks.

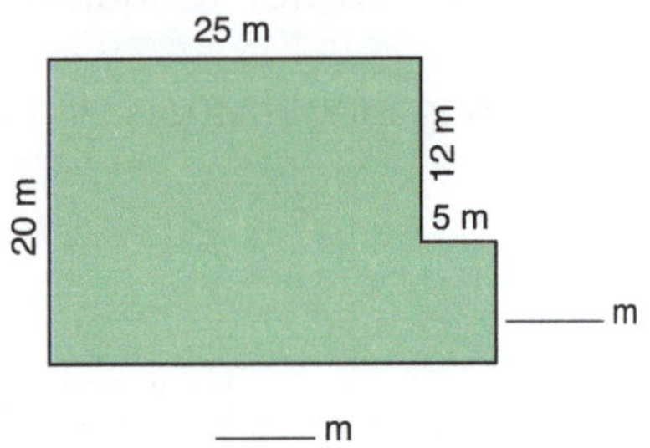

4 Das Grundstück von Familie Bicker ist 34 m lang und 21 m breit. Die Garage ist 6 m lang und 3 m breit. Das Wohnhaus hat eine Grundfläche von 120 m².

a) Wähle sinnvolle Werte für Länge und Breite des Wohnhauses. Fertige eine Skizze des Grundstücks mit Wohnhaus und Garage an.

b) Wie viel m² groß ist die nicht bebaute Fläche des Grundstücks?

A: ____________________

1 Wie groß ist die abgebildete Rasenfläche? Kreuze an. Begründe deine Entscheidung.

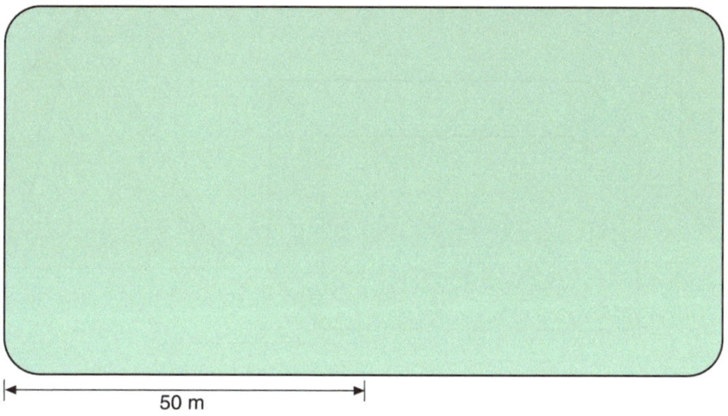

- ○ 150 m²
- ○ 500 m²
- ○ 5 000 m²
- ○ 100 m²

Begründung: ______________________________

2 Berechne, wie groß die Fläche des Waldgebietes ungefähr ist.

A: ______________________________

3 Wie viel m² groß ist die Wasserfläche des Teiches?

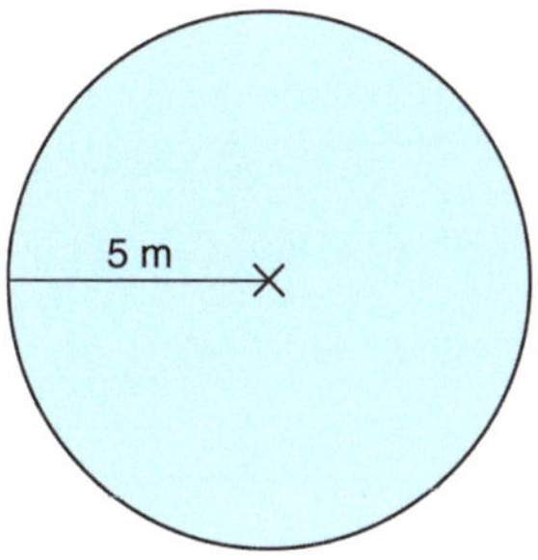

A: ______________________________

4 Die Abbildung zeigt das Grundstück von Familie Ganseforth.
Wie groß ist die Grundfläche des Wohnhauses ungefähr?

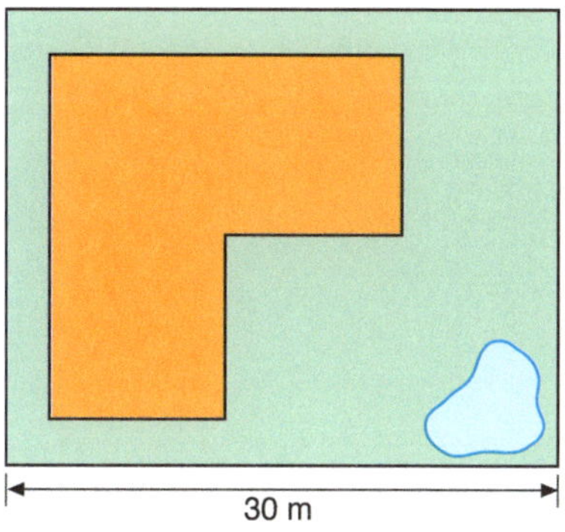

A: ______________________________

Sachsituationen zur Körperberechnung

1 Das Volumen der Körper soll berechnet werden. Ordne die passende Formel zu.

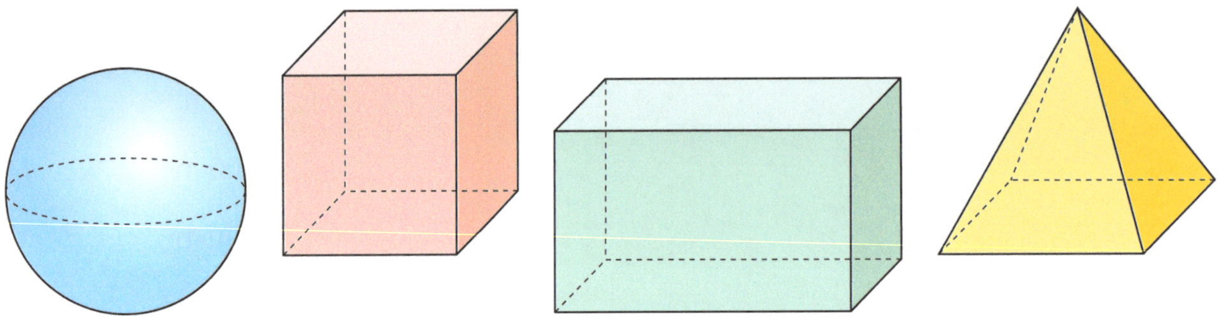

$V = a \cdot a \cdot a$ $\qquad$ $V = \frac{G \cdot k}{3}$ $\qquad$ $V = a \cdot b \cdot c$ $\qquad$ $V = \frac{4}{3} \cdot \pi \cdot r^3$

2 Stimmt die Aussage? Kreuze an.

- ◯ Wenn sich nur die Höhe einer Säule ändert, ändert sich nicht das Volumen der Säule.
- ◯ Das Volumen eines Quaders kann man mit der Formel $V = G \cdot k$ berechnen.
- ◯ Wenn man den Radius einer Kugel vergrößert, ändert sich das Volumen der Kugel nicht.
- ◯ Halbiert man die Grundfläche einer Säule, lässt aber ihre Höhe unverändert, verringert sich ihr Volumen.

3 Eine Sandgrube ist 1,50 m tief. Sie ist 4 m breit und doppelt so lang.

a) Fertige eine Skizze an und beschrifte sie mit den passenden Maßen.

b) Welches Volumen hat die Grube?

A: ______________________

4 Ein Aquarium (a = 6 m, b = 5 m, c = 3 m) wird zu $\frac{2}{3}$ mit Wasser gefüllt.

a) Ergänze die Maße in der Skizze. Zeichne die Höhe des Wasserstandes ein.

b) Wie viel m^3 Wasser sind in dem Becken?

A: ______________________

1

a) Welche Kleidungsstücke wurden um genau 25 % billiger?

____

b) Stimmt die Aussage? Kreuze an.

◯ Der Pullover wurde um 20 % billiger, das ist $\frac{1}{5}$ des vorherigen Preises.

◯ Der Preis für das T-Shirt wurde um 20 % herabgesetzt.

◯ Die Jacke und der Mantel wurden zu gleichen Anteilen verbilligt.

◯ Beim Kauf von 2 Hemden beträgt die Preisermäßigung sogar 50 %.

2

In der Fußgängerzone einer Stadt wird eine Umfrage durchgeführt.

a) Berechne, wie viele der befragten Personen jeder Altersgruppe auf die Frage mit **Ja** antworten. Trage die Zahlen in die Tabelle ein.

	Befragte	Davon antworten mit **Ja**	Mit **Ja** antworten
Kinder	10	30 %	
Jugendliche	200	61 %	
Erwachsene	250	50 %	

b) Stimmt die Aussage? Kreuze an.

◯ Mehr als die Hälfte der befragten Kinder kauft regelmäßig im Sonderverkauf.

◯ Die meisten der befragten Jugendlichen kaufen nicht regelmäßig im Sonderverkauf.

◯ Von allen Befragten kaufen 250 regelmäßig im Sonderverkauf.

◯ Mehr als 50 % aller Befragten kaufen regelmäßig im Sonderverkauf.

3

Eine Kücheneinrichtung kostet 2 000 €.

a) Der Händler möchte sein Lager räumen und ermäßigt den Preis um 20 %. Ergänze die Beträge.

Ermäßigung: ____________ Neuer Preis: ____________

b) Nach einer Woche ist die Küche noch nicht verkauft. Daher wird der Preis noch einmal um 20 % des neuen Preises herabgesetzt. Nun findet sich ein Käufer. Ergänze die Beträge.

Ermäßigung: ____________ Verkaufspreis: ____________

c) Was stimmt? Kreuze an.

◯ Der Verkaufspreis beträgt 60 % von 2 000 €.

◯ Der Gesamtpreis wurde um weniger als 40 % herabgesetzt.

Ein Sachthema mit mathematischen Mitteln bearbeiten

Windkraft, Wasserkraft, Sonnenstrahlung, Erdwärme und Biomasse werden häufig als erneuerbare Energiequellen bezeichnet. Ihre Nutzung für die Energieerzeugung hat sich von 2000 bis 2010 verdreifacht.
Der Anteil der erneuerbaren Energie an der Stromerzeugung betrug im Jahr 2010 schon 17 %. Bis 2020 soll dieser Anteil 35 % betragen. Im Jahr 2010 wurden fast 104 Milliarden kWh Strom aus erneuerbaren Energiequellen erzeugt.
Während die Nutzung der Wasserkraft schon immer eine recht große Bedeutung für die Stromerzeugung hatte, ist die Nutzung der Sonne erst durch den zunehmenden Bau von Solar-Anlagen in den letzten Jahren außerordentlich stark gestiegen. Im Jahr 2000 waren nicht einmal $\frac{1}{100}$ der heutigen Anlagen in Betrieb.

1 Kreuze die Fragen an, die du mit den Informationen aus dem Text beantworten kannst.

- ◯ Wie viel kWh Strom wurden im Jahr 2010 mit erneuerbaren Energiequellen erzeugt?
- ◯ Welche Vorteile bietet die Nutzung erneuerbarer Energiequellen?
- ◯ Wie viel kWh Strom wurden im Jahr 2000 von Solar-Anlagen erzeugt?
- ◯ Auf wie viel Prozent soll der Anteil erneuerbarer Energie an der Stromerzeugung bis zum Jahr 2020 steigen?
- ◯ Wie viel kWh Strom erzeugt ein Windrad bei einer Umdrehung?
- ◯ Wie viel mal so groß wie im Jahr 2000 war die Nutzung erneuerbarer Energiequellen für die Energieerzeugung im Jahr 2010?

2 Ergänze die fehlenden Werte.

a) Der Anteil erneuerbarer Energien an der Stromerzeugung soll bis 2020 auf _____ % steigen.

b) Im Jahr 2000 waren weniger als _____ % der heutigen Solar-Anlagen in Betrieb.

c) Im Jahr 2010 wurden ________________ kWh Strom aus erneuerbaren Energiequellen erzeugt.

3 Im Jahr 2010 wurden 7 % des aus erneuerbaren Energiequellen erzeugten Stromes von Solar-Anlagen produziert.

F: Wie viel kWh Strom wurden von Solaranlagen produziert?

A: ________________________________

____

4 Im Jahr 2009 gab es in Deutschland im Bereich Windenergie 102 100 Arbeitsplätze. Im Jahr 2010 erhöhte sich diese Zahl um weitere 7 300 Arbeitsplätze.

F: ________________________________

A: ________________________________

____

1 1. a) 290 000 km²;
b) 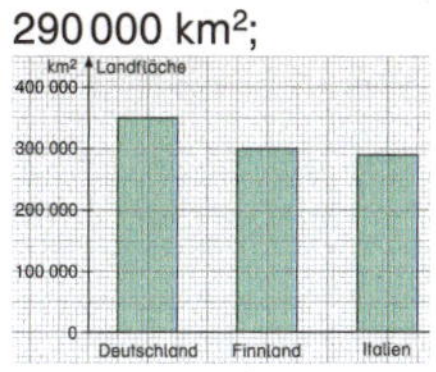

2. a) 34 000 km²
b) 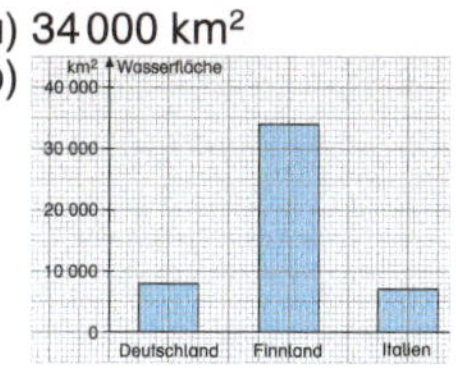

3. a) 82 Mio.
b) Finnland: 5 kleine Figuren;
Italien: 6 große Figuren

2 1. 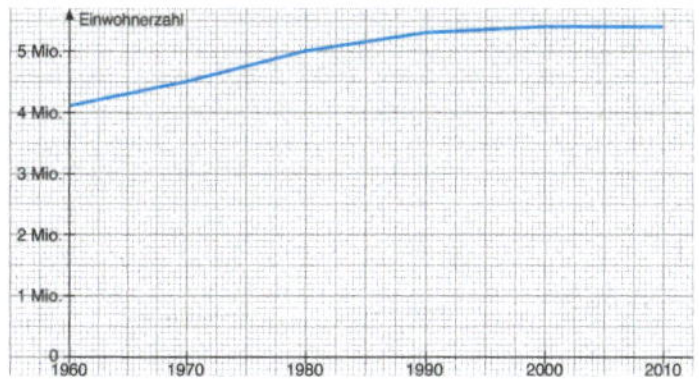

3. a) Am geringsten in Deutschland, am stärksten in der Türkei .
b) 1990; am Schnittpunkt erkennt man es.

2. 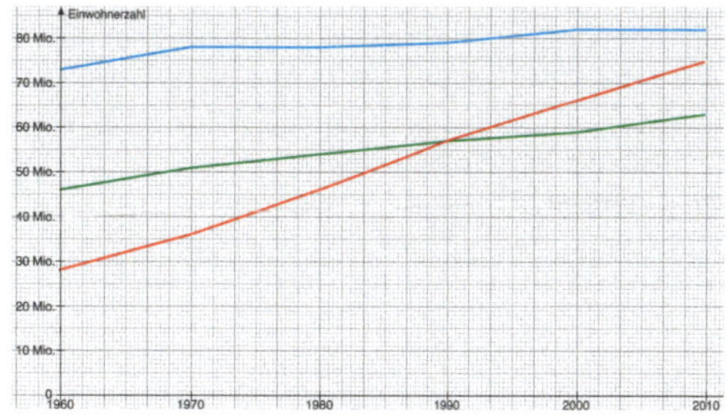

3 1. CDU/CSU 39,4 %; SPD 27,9 %; die Linke 11,1 %; FDP 9,4 %; Grüne 9,2 %; Sonstige 3 %
2. Säulen von links nach rechts: SPD – FDP – CDU – Linke – Grüne – Sonstige
Kreisdiagramm im Uhrzeigersinn: SPD – Linke- CDU – FDP –Grüne – Sonstige
3. Säulendiagramm: (1), (2) und (3); Kreisdiagramm (4)

4 1. Im linken Diagramm beginnt die Anzahl nicht bei 0, sondern bei 2 000.
2. Kaum ein Rückgang der Beschwerden.

3. das mittlere
4. a) Man hat nach 10 Jahren mehr Geld.
b) Die Längen sind gleich.

5 1. a) 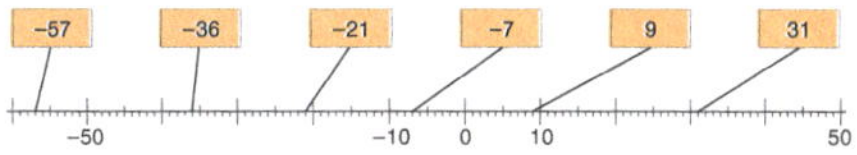

b) 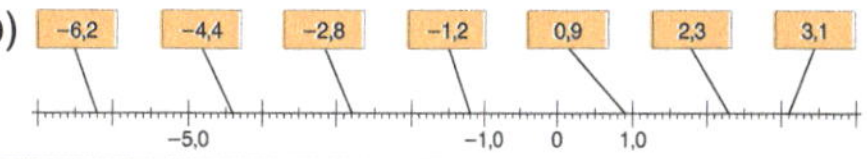

2. 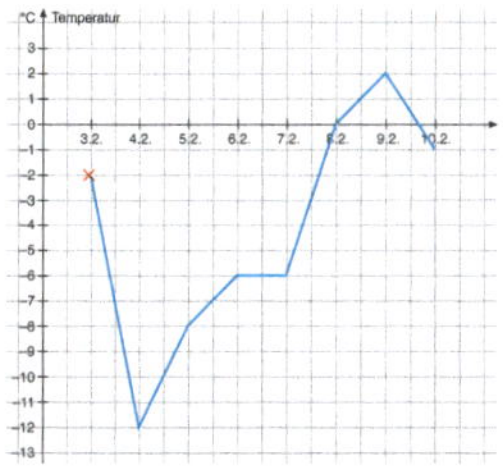

3. 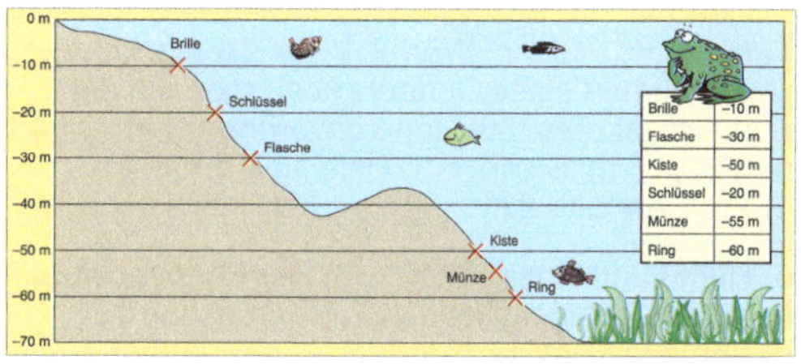

6 1. von links nach rechts: Fun; Standard; Easy; Comfort
2. a) Call-U
b) Gerade bei 30 € einzeichnen
c) Call-U
d) mindestens 211 Minuten
3. das linke Schaubild bleibt übrig;
Reihenfolge danach: C – A – B

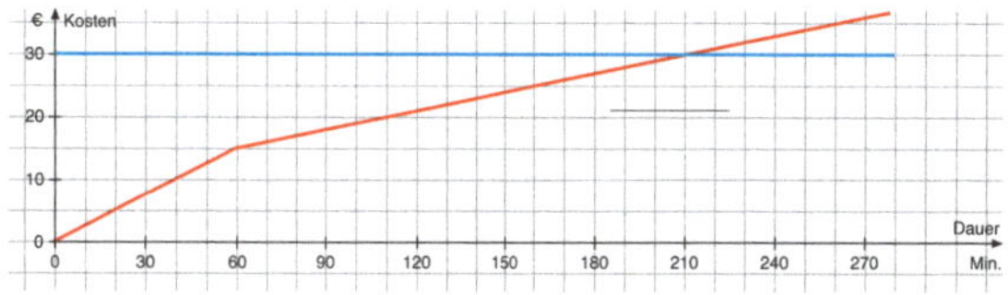

7 1. a) Von Stadthagen nach Haste benötigt die S1 10 Minuten.
b) 40 Min.; 11 Min.; 18,20 €
c) Das Länderticket für 25 € ist günstiger, bei Einzeltickets wären 36,40 € zu zahlen.
2. Stehplatz 9 €; Verpflegung: 2,50 € + 2,70 € = 5,20 €; Gesamtkosten: 14,20 €

8 1. 2010 war 1 l Benzin etwa 40 Cent teurer als im Jahr 2000; 1985 lag der Benzinpreis bei 0,70 €.
2. a) Cumba verbraucht jährlich 2 850 l, Laros verbraucht 1 950 l.
b) 1 350 €
3.

	1 Jahr	5 Jahre	Kosten 5 Jahre	Umrüstkosten	Gesamtkosten
Benzin	1 600 l	8 000 l	12 480 €	–	12 480 €
Autogas	1 900 l	9 500 l	6 175 €	2 500 €	8 675 €

Die Umrüstung lohnt sich , wenn man das Auto noch 5 Jahre fährt; Ersparnis 3 805 €.

9 1. a) Gran Canaria hat annähernd die Form eines Kreises; Gran Canaria hat einen Radius von ungefähr 23 km.
b) Gran Canaria ist ungefähr 1 660 km² groß
2. a) Der Umfang beträgt ungefähr 2,2 km.
b) Sie schafft es; in einer Stunde geht man etwa 5 km.
3. a) Höhe: 4 m; Durchmesser: 1 m
b) Umfang der Säule etwa 3 m; Breite eines Plakates etwa 1,5 m.
c) Fläche 12 m²

10 1. a) linke Skizze; zu ergänzen: 55 km
b) Peter und Olga sind 55 km voneinander entfernt.
2. Die Bohrtrupps sind 2,5 km voneinander entfernt.
3. 30 000 Laubbäume, 30 000 Nadelbäume; 15 000 geschädigte Laubbäume, 10 000 geschädigt Nadelbäume ($\frac{1}{3}$ ist im Feld Nadelbäume zu markieren). Insgesamt sind 25 000 Bäume geschädigt.
4. 1 800 befragte Jugendliche lesen regelmäßig eine Zeitschrift.

11 1. a) Seitenlänge des Quadrates: 5 m; Seitenlängen des Rechtecks nach Erweiterung: a = 5 m; b = 6,5 m
b) Die vergrößerte Terrasse ist 32,5 m² groß.
2. a) Quadratseite a = 15 cm
b) Radius r = a : 2 = 7,5 cm.

3. a) Länge a = 4 · 23 cm = 92 cm; Breite b = 2 · 23 cm = 46 cm   b) Flächeninhalt A = 4 232 cm².
4. a) 20 cm; 30 cm; 12 cm   b) Der Karton hat das Volumen 7 200 cm³.

12 1. a)

	Markt	Brückentor	Talstraße
h	€	€	€
1	2	1	1
2	3	2	3
3	4	3	5
4	5	4	7

b) –

2. a)

h	€
1	2,00
2	4,00
3	4,50
4	5,00
5	5,50
6	6,00
7	6,50

b) –
c) Die Gebühren betragen 9,50 €.

13 1. a) Text links – Tabelle Mitte; Text Mitte – Tabelle rechts; Text rechts – Tabelle links

b)

Handwerker	h
1	24
2	12
3	8
4	6

Handwerker	h
1	36
2	18
3	12
4	9

Handwerker	h
1	48
2	24
3	16
4	12

2.

Personen	Werbezettel
1	600
2	300
3	200
4	150
5	120
6	100

3. a) p   b) u   c) p   d) u

14 1. Rechteck: $A = a \cdot b$; Kreis: $A = \pi \cdot r^2$; Quadrat: $A = a \cdot a$; Dreieck: $A = \frac{g \cdot h}{2}$; Parallelogramm: $A = g \cdot h$.
2. Den Flächeninhalte eines Quadrates kann man berechnen, wenn man eine Seitenlänge kennt. Ist der Durchmesser eines Kreises bekannt, kann man den Flächeninhalt des Kreises berechnen
3. 30 m; 8 m; Flächeninhalt: 540 m².
4. a) Länge 12 m, Breite 10 m.
b) Die nicht bebaute Fläche beträgt 576 m².

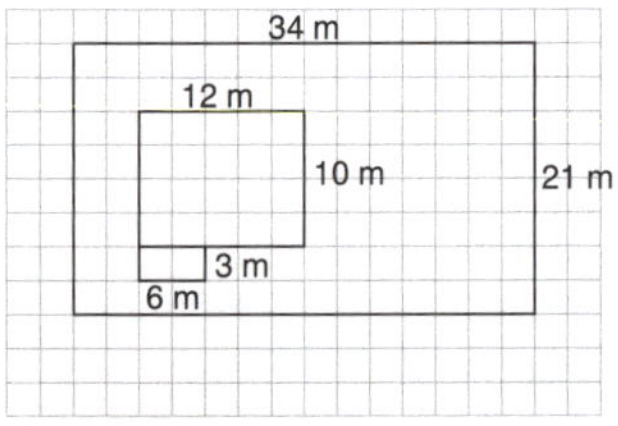

15 1. rechteckig, ca. 100 m lang, 50 m breit, also: 5 000 m².
2. Ca. 300 m breit, 500 m lang, also: 150 000 m².
3. 78,5 m²
4. Ca. 290 m²

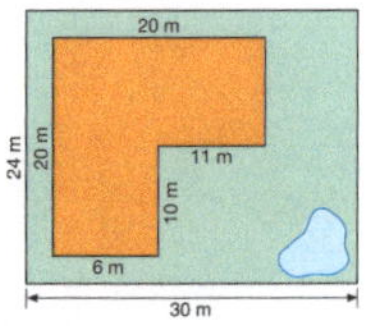

16 1. Kugel: $V = \frac{4}{3} \cdot \pi \cdot r^3$; Würfel: $V = a \cdot a \cdot a$; Quader: $V = a \cdot b \cdot c$; Pyramide: $V = \frac{G \cdot k}{3}$
2. Das Volumen eines Quaders kann man mit der Formel $V = G \cdot k$ berechnen. Halbiert man die Grundfläche einer Säule, lässt aber ihre Höhe unverändert, verringert sich ihr Volumen.
3. a) Länge 8 m; Breite 4 m; Tiefe 1,50 m   b) Das Volumen beträgt 48 m³
4. a) Wasserstand 2 m   b) Es sind 60 m³ Wasser.

17 1. a) Hemd und Hose   b) Der Pullover wurde um 20 % billiger, das ist $\frac{1}{5}$ des vorherigen Preises.
2. a) Kinder 3; Jugendliche 122; Erwachsene 125
b) Von allen Befragten kaufen 250 regelmäßig im Sonderverkauf. Mehr als 50 % aller Befragten kaufen regelmäßig im Sonderverkauf.
3. a) Ermäßigung 400 €; neuer Preis 1 600 €   b) Ermäßigung 320 €; Verkaufspreis 1 280 €
c) Der Gesamtpreis wurde um weniger als 40 % herabgesetzt.

18 1. Wie viel kWh Strom wurden im Jahr 2010 mit erneuerbaren Energiequellen erzeugt?
Auf wie viel Prozent soll der Anteil erneuerbarer Energie an der Stromerzeugung bis zum Jahr 2020 steigen?
Wie viel mal so groß wie im Jahr 2000 war die Nutzung erneuerbarer Energiequellen für die Energieerzeugung im Jahr 2010?
2. a) 35 %   b) 1 %   c) 104 Milliarden   3. 7,28 Milliarden kWh
4. Wie viele Arbeitsplätze gab es 2010? 2010 arbeiten 109 400 Menschen im Bereich Windenergie.

23 1. a)
900 000
895 000 | 5 000
894 800 | 200 | 4 800

b)
500 000
50 000 | 450 000
500 | 49 500 | 400 500

2. a)
550 000
410 000 | 140 000
320 000 | 90 000 | 50 000

b)
820 000
400 000 | 420 000
90 000 | 310 000 | 110 000

3. a)
200
80 | 120
79,5 | 0,5 | 119,5

b)
70
40 | 30
11,2 | 28,8 | 1,2

4. a)
13,0
7,9 | 5,1
4,6 | 3,3 | 1,8

b)
17,45
8,95 | 8,5
0,5 | 8,45 | 0,05

5. a)
1
$\frac{1}{2}$ | $\frac{1}{2}$
$\frac{1}{4}$ | $\frac{1}{4}$ | $\frac{1}{4}$

b)
1
$\frac{3}{4}$ | $\frac{1}{4}$
$\frac{1}{2}$ | $\frac{1}{4}$ | 0

c)
1
$\frac{5}{8}$ | $\frac{3}{8}$
$\frac{1}{2}$ | $\frac{1}{8}$ | $\frac{1}{4}$

d)
2
$1\frac{1}{4}$ | $\frac{3}{4}$
$\frac{3}{4}$ | $\frac{1}{2}$ | $\frac{1}{4}$

6. a)
−8
5 | −13
7 | −2 | −11

b)
−8
−5 | −3
−3 | −2 | −1

c)
8
−5 | 13
−3 | −2 | 15

d)
8
5 | 3
7 | −2 | 5

24 1. a) 550; 700; 850: 1000; 1150; 1300; 1450; 1600; 1750   b) 20,5; 18,8; 17,1; 15,4; 13,7; 12; 10,3; 8,6; 6,9
c) −26; −22; −18; −14; −10; −6; −2; 2; 6   d) −80; −65; −50; −35; −20; −5; 10; 25; 40
2. a) 11,5 + 5,5 = 20,5 − 3,5 = 17
43,8 − 5,8 = 34,4 + 3,6 = 38
29,1 + 3,4 = 40 − 7,5 = 32,5
15,9 − 2,4 = 12,3 + 1,2 = 13,5
b) 12 − 14 = −5 + 3 = −2
7 − 12 = 19 − 24 = −5
−15 + 16 = −5 + 6 = 1
−4 − 8 = 6 − 18 = −12
3. a) $3{,}4 \xrightarrow{+7{,}1} 10{,}5 \xrightarrow{-0{,}6} 9{,}9 \xrightarrow{+12{,}5} 22{,}4 \xrightarrow{-3{,}8} 18{,}6$
b) $-14 \xrightarrow{+12} -2 \xrightarrow{+10} 8 \xrightarrow{-20} -12 \xrightarrow{+12} 0$
c) $7 \xrightarrow{-18} -11 \xrightarrow{+13} 2 \xrightarrow{-17} -15 \xrightarrow{-15} -30$

4. a) 28 + 98 = 126; 48 + 98 = 146; 68 + 98 = 166; 88 + 98 = 186; 108 + 98 = 206; 128 + 98 = 226
   b) 2,9 + 1,4 = 4,3; 2,9 + 1,7 = 4,6; 2,9 + 2,0 = 4,9; 2,9 + 2,3 = 5,2; 2,9 + 2,6 = 5,5; 2,9 + 2,9 = 5,8
   c) 300 – 400 = –100; 300 – 500 = –200; 300 – 600 = –300; 300 – 700 = –400; 300 – 800 = –500; 300 – 900 = –600
5. a) 6; 285; 99; 341 b) 2,5; 10,6; 15,2; 3,8 c) 9; 1; 2; 8 d) 10; 2; –9; 9

25

1. a)

·	3	2	5
1,2	3,6	2,4	6
2,3	6,9	4,6	11,5
0,5	1,5	1	2,5

b)

·	11	1,2	0,8
4	44	4,8	3,2
0,7	7,7	0,84	0,56
0,9	9,9	1,08	0,72

2. a)

:	6	9	2
1,8	0,3	0,2	0,9
36	6	4	18
5,4	0,9	0,6	2,7

b)

:	6	3	8
7,2	1,2	2,4	0,9
4,8	0,8	1,6	0,6
2,4	0,4	0,8	0,3

3. a) $3{,}6 \xrightarrow{:3} 1{,}2 \xrightarrow{:4} 0{,}3 \xrightarrow{\cdot 8} 2{,}4 \xrightarrow{:4} 0{,}6$
   b) $18{,}6 \xrightarrow{:6} 3{,}1 \xrightarrow{\cdot 5} 15{,}5 \xrightarrow{\cdot 3} 46{,}5 \xrightarrow{\cdot 2} 93$
   c) $30{,}5 \xrightarrow{:5} 6{,}1 \xrightarrow{\cdot 8} 48{,}8 \xrightarrow{:4} 12{,}2 \xrightarrow{\cdot 10} 122$
4. a) $100 : 25 = \frac{1}{4}$ von $16 = 4$; $3 \cdot 1{,}5 = 50\,\%$ von $9 = 4{,}5$; $60 \cdot 0{,}5 = \frac{1}{3}$ von $90 = 30$
   b) $\frac{3}{4}$ von $8 = 50\,\%$ von $12 = 6$; $4 \cdot 0{,}25 = 1\,\%$ von $100 = 1$; $\frac{2}{5}$ von $25 = 0{,}1 \cdot 100 = 10$
5. $\frac{1}{4}$ von $48 = 10\,\%$ von $120 = 0{,}5 \cdot 24 = \frac{1}{10}$ von $120 = 12$
   $\frac{2}{3}$ von $33 = 220 : 10 = 5 \cdot 4{,}4 = 50\,\%$ von $44 = 22$
   $45 : 10 = 25\,\%$ von $18 = 0{,}9 \cdot 5 = 450 \cdot 0{,}01 = 4{,}5$
6. a) $\frac{1}{4}; \frac{1}{8}; \frac{3}{4}$ b) $\frac{3}{4}; \frac{1}{2}; \frac{1}{8}$ c) $\frac{1}{2}; \frac{1}{4}; \frac{3}{8}$ d) $\frac{1}{3}; \frac{1}{3}; \frac{1}{6}$ e) $\frac{1}{6}; 5; \frac{1}{6}$

26

1. a) 16; 8; 24; 12; 36; 18; 54; 27; 81; 40,5
   b) 4,8; 2,4; 7,2; 3,6; 10,8; 5,4; 16,2; 8,1; 24,3; 12,15
   c) 9,6; 4,8; 14,4; 7,2; 21,6; 10,8; 32,4; 16,2; 48,6; 24,3
2. a) 0,2; 0,8; 0,4; 1,6; 0,8; 3,2; 1,6; 6,4; 3,2; 12,8 Regel: immer abwechselnd · 4, dann : 2.
   b) 1,2; 0,4; 2,4; 0,8; 4,8; 1,6; 9,6; 3,2; 19,2; 6,4 Regel: immer abwechselnd : 3, dann · 6.
   c) 6,25; 12,5; 2,5; 5; 1; 2; 0,4; 0,8; 0,16; 0,32 Regel: immer abwechselnd · 2, dann : 5.
3. 1 000 50 0,4
   1 500 0,25 0,5
   40 25 15
4. a) 0,12 · 4 = 0,48; 1,2 · 4 = 4,8; 12 · 4 = 48; 120 · 4 = 480; 1 200 · 4 = 4 800; 12 000 · 4 = 48 000
   b) 1,8 · 6 = 10,8; 1,8 · 60 = 108; 1,8 · 600 = 1 080; 1,8 · 6 000 = 10 800; 1,8 · 60 000 = 108 000; 1,8 · 600 000 = 1 080 000
   c) 2,4 : 6 = 0,4; 24 : 6 = 4; 240 : 6 = 40; 2 400 : 6 = 400; 24 000 : 6 = 4 000; 240 000 : 6 = 40 000
5. a) 0,9; 3; 2; 18,9 b) 0,9; 2; 3; 28,8 c) 1,6; 3; 4; 19,2 d) 20; 5; 20; 8 e) 11; 33; 20; 49,5

27

1. a) 200; 600; 100; 6 b) 5,1; 15,7; 51; 4 c) 62; 37,2; 7,6; 37,8 d) 0,24; 400; 320; 760
2. a) $-5 \xrightarrow{+8} 3 \xrightarrow{\cdot 0{,}5} 1{,}5 \xrightarrow{\cdot 3} 4{,}5 \xrightarrow{+15{,}5} 20$
   b) $7 \xrightarrow{-11} -4 \xrightarrow{+9} 5 \xrightarrow{\cdot 2{,}4} 12 \xrightarrow{:100} 0{,}12$
   c) $14 \xrightarrow{-10{,}5} 3{,}5 \xrightarrow{\cdot 5} 17{,}5 \xrightarrow{-3{,}5} 14 \xrightarrow{-20} -6$
3. a)

$\frac{1}{4}$	$\frac{1}{8}$	$\frac{3}{8}$
$\frac{3}{8}$	$\frac{1}{4}$	$\frac{1}{8}$
$\frac{1}{8}$	$\frac{3}{8}$	$\frac{1}{4}$

b)

$\frac{1}{5}$	$\frac{3}{10}$	$\frac{1}{10}$
$\frac{1}{10}$	$\frac{1}{5}$	$\frac{3}{10}$
$\frac{3}{10}$	$\frac{1}{10}$	$\frac{1}{5}$

c)

$\frac{1}{3}$	$\frac{1}{6}$	$\frac{1}{2}$
$\frac{1}{2}$	$\frac{1}{3}$	$\frac{1}{6}$
$\frac{1}{6}$	$\frac{1}{2}$	$\frac{1}{3}$

4. a) 14,8; 16,8; 8,4; 10,4; 5,2; 7,2; 3,6; 5,6; 2,8; 4,8
   b) 46,8; 48,8; 24,4; 26,4; 13,2; 15,2; 7,6; 9,6; 4,8; 6,8
   c) 110,8; 112,8; 56,4; 58,4; 29,2; 31,2; 15,6; 17,6; 8,8; 10,8
5. a) 16,01; 12,01; 24,02; 20,02; 40,04; 36,04; 72,08; 68,08; 136,16; 132,16 Regel: immer abwechselnd – 4, dann · 2.
   b) 520,8; 512,8; 256,4; 248,4; 124,2; 116,2; 58,1; 50,1; 25,05; 17,05 Regel: immer abwechselnd –8, dann : 2.
   c) 8,1; 16,2; 5,4; 10,8; 3,6; 7,2; 2,4; 4,8; 1,6; 3,2 Regel: immer abwechselnd · 2, dann : 3.

28

1. a) 80 g b) 90 g c) 120 g d) 160 g
2. a) 185 g b) 130 g c) 110 g d) 140 g
3. a) 60 g und 40 g b) 50 g und 60 g

29

1. Preis einer Eintrittskarte: x; Gleichung: 2x + 2,50 = 19,50; x = 8,50 Eine Eintrittskarte kostet 8,50 €.
2. a) Preis der Brille: x; Gleichung: x + 2 · 3,50 + 3 · 5,50 = 32; x = 8,50 Eine Brille kostet 8,50 €.
   b) Preis eines Schlägers: x; Gleichung: 2 · x + 4 · 1,50 + 2 · 13,50 = 62; x = 14,50 Ein Schläger kostet 14,50 €.
3. a) Gleichung: 4 · x + 4 · 8,60 = 50; x = 3,90 Ein T-Shirt kostet 3,90 €.
   b) Gleichung: 4 · x – 8,60 = 50; x = 14,65 Ein Ball kostet 14,65 €.

30

1. x = 6 Der kürzeste Baumstamm ist 6 m lang, der mittlere 12 m und der längste ist 18 m lang.
2. x = 9 Am ersten Tag fahren sie 9 km, am zweiten Tag sind es 18 km und am dritten Tag fahren sie 36 km.
3. x = 40 Im März hat Sarah 40 € gespart, im April waren es 60 € und im Mai hat Sarah 80 € gespart.
4. Leas Größe in cm: x; x = 142 Lea ist 1,42 m groß, Jan ist 1,32 m groß und Max ist 1,26 m groß.

31

1. a) Die linke und die rechte Figur sind Quadernetze.
   b) Die linke und die mittlere Figur sind Netze von Dreieckssäulen.
   c) Die mittlere und die rechte Figur sind Netze von Pyramiden.
2.

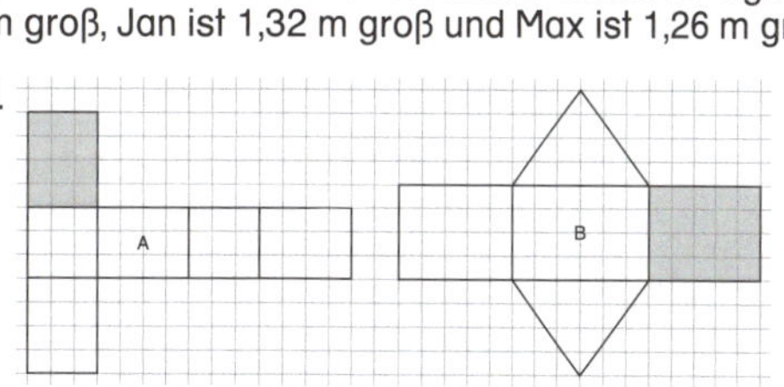

Quader Dreieckssäule

32 1. 1. Zeichnung: D, 2. Zeichnung: A, 3. Zeichnung: B, 4. Zeichnung: C

2. a)/b) 1. Zeichnung C;
Es fehlt die Draufsicht.
2. Zeichnung B;
Es fehlt die Seitenansicht.
3. Zeichnung A;
Es fehlt die Vorderansicht.

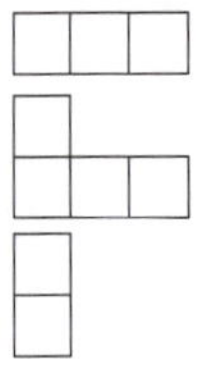

3.

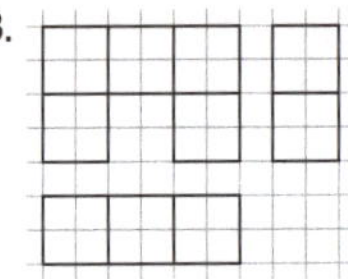

33 1. a)

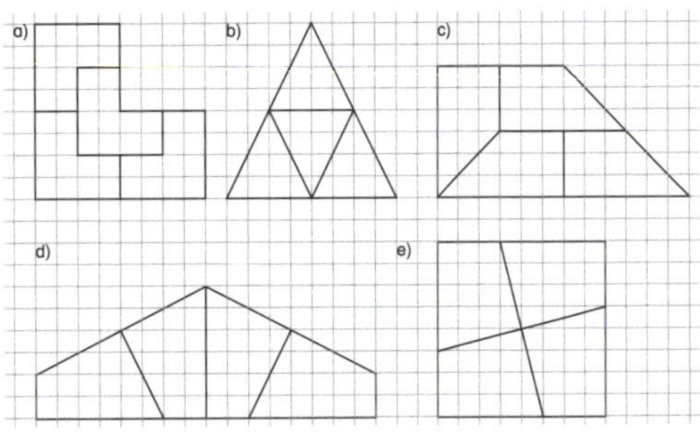

2. a) b) c) d)

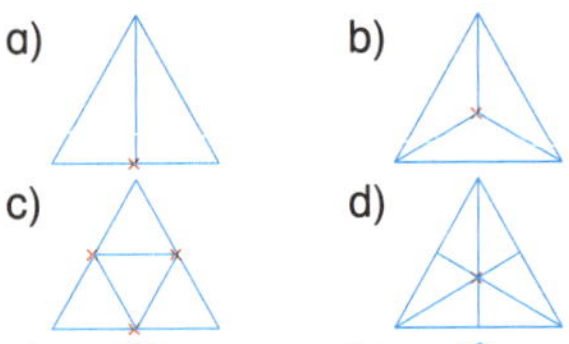

3. a) b) c)

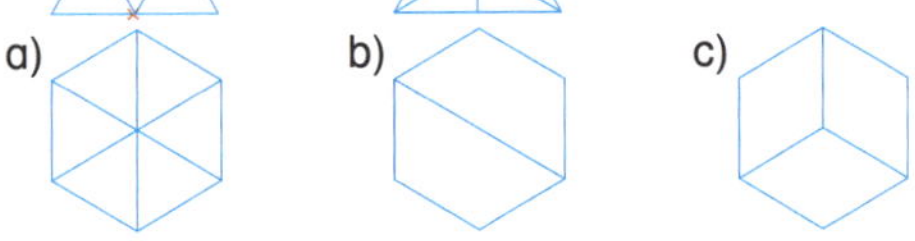

34 1. a) 5 m; 30 m² b) 2 m; 32 m² c) 6 m; 24 m² d) 3 m; 9 m; 7 m; 63 m² e) 5 m; 5 m; 18 m²; 25 m² f) 5 m; 3 m; 3 m; 15 m²
2. a) 15 m; 60 m² b) 10 m; 45 m² c) 8 m; 7 m; 75 m²; 35 m² d) 8 m; 10 m; 6 m; 36 m²; 36 m²
3. Von links nach rechts: 4 m²; 4 m² | 6 m²; 2 m² | 4 m²; 4 m²

35 1. a)
$\frac{4}{5}$ / $\frac{2}{5}$ $\frac{2}{5}$ / $\frac{1}{5}$ $\frac{1}{5}$ $\frac{1}{5}$
$1\frac{1}{3}$ / $\frac{2}{3}$ $\frac{2}{3}$ / $\frac{1}{3}$ $\frac{1}{3}$ $\frac{1}{3}$
$\frac{2}{3}$ / $\frac{1}{3}$ $\frac{1}{3}$ / $\frac{1}{6}$ $\frac{1}{6}$ $\frac{1}{6}$
$\frac{1}{2}$ / $\frac{1}{4}$ $\frac{1}{4}$ / $\frac{1}{8}$ $\frac{1}{8}$ $\frac{1}{8}$

b) Die erste, dritte und vierte Aussage sind anzukreuzen.

c)
$\frac{4}{10}$ / $\frac{2}{10}$ $\frac{2}{10}$ / $\frac{1}{10}$ $\frac{1}{10}$ $\frac{1}{10}$
1 / $\frac{1}{2}$ $\frac{1}{2}$ / $\frac{1}{4}$ $\frac{1}{4}$ $\frac{1}{4}$
2 / 1 1 / $\frac{1}{2}$ $\frac{1}{2}$ $\frac{1}{2}$
$3\frac{1}{5}$ / $1\frac{3}{5}$ $1\frac{3}{5}$ / $\frac{4}{5}$ $\frac{4}{5}$ $\frac{4}{5}$

2. a)
0 / 1 −1 / −3 4 −5
−2 / 0 −2 / −5 5 −7
−4 / −1 −3 / −7 6 −9
−6 / −2 −4 / −9 7 −11

b)
−12 / −9 −3 / −10 1 −4
−10 / −8 −2 / −8 0 −2
−8 / −7 −1 / −6 −1 0
−6 / −6 0 / −4 −2 2

c)
−7 / −5 −2 / −9 4 −6
−9 / −6 −3 / −8 2 −5
−11 / −7 −4 / −7 0 −4
−13 / −8 −5 / −6 −2 −3

d) Einzutragen sind von oben nach unten: b) und a).

e) In der unteren Schicht wird die mittlere Zahl um 2 kleiner. Jede der beiden äußeren Zahlen wird um 1 größer. Die obere Zahl wird um 2 kleiner.

36 1. a) Seitenlängen: 2,5 cm; 2,5 cm; 2,2 cm; u = 7,2 cm
b) Höhe: 2 cm A = 2,5 cm
c) Seitenlängen: 5 cm; 5 cm; 4,4 cm; u = 14,4 cm A = 10 cm²
d) ⊗ verdoppeln sich alle Seitenlängen.
⊗ verdoppelt sich der Umfang.
⊗ vervierfacht sich der Flächeninhalt.
⊗ ist der neue Flächeninhalt $\frac{1}{4}$ des alten.
⊗ halbiert sich der Umfang.

2. a) u = 18,84 cm; A = 28,26 cm²
b) r = 6 cm; u = 37,68 cm; A = 113,04 cm²
c) ⊗ verdoppelt sich der Radius.
⊗ vervierfacht sich der Flächeninhalt.
⊗ verdoppelt sich der Umfang.

37 1. a) Kegel: V = 2 093,33 cm³ Kugel: V = 4 186,67 cm³ Zylinder: V = 6 280 cm³ b) –
c) Das Volumen des Zylinders ist dreimal so groß wie das Volumen des Kegels.
d) Auf Tausender gerundet: Kugel: 4 000 cm³, Zylinder: 6 000 cm³
Das Volumen der Kugel ist $\frac{2}{3}$ des Volumens des Zylinders.

38 1. a) Parallelogramm, Rechteck, Quadrat b) Dreieck
2. a) Dreieckssäule, Zylinder, Quader, Würfel b) Pyramide, Kegel
3. a) ⊗ Fehler beim Ausrechnen b) ⊗ Der Umfang wird berechnet.
c) ⊗ Die Einheit ist falsch. d) ⊗ Falsche Formel
e) ⊗ Falsche Formel f) ⊗ Falsche Zahl eingesetzt
4. a) 314 cm² b) 78,5 cm² c) 12,56 cm² d) 28,26 cm²

39 1. Das Doppelte von x: x + x, 2 · x Die Summe von x und 2: 2 + x, x + 2 Die Hälfte von x: $\frac{1}{2}$ · x und x : 2
2. a) Die Summe von x und 5. b) Das Fünffache von x. c) Der 5. Teil von x. d) Die Summe von 5 und x.
3. a) 4 · x b) 4 + x c) x : 4 d) x – 4
4. a) 7 · x + 5 = 40; x = 5 b) 5 · x – 9 = 41; x = 10
5. a) Ich denke mir eine Zahl, multipliziere sie mit 6, addiere 4 zum Ergebnis und erhalte 46. x = 7
b) Ich denke mir eine Zahl, multipliziere sie mit 7, subtrahiere 8 vom Ergebnis und erhalte76. x = 12

40 1. a) Ermäßigter Preis: 3 600 € Preis bei Barzahlung: 3 240 €
b) ⊗ Die Einbauküche kostet 72 % des ursprünglichen Preises.
2. a) Preis mit Zusatzausstattung: 17 490 €
b) ⊗ Mit Zusatzausstattung kostet der Wagen 110 % des Listenpreises.
3. 75 % = $\frac{3}{4}$ 20 % = $\frac{1}{5}$ 40 % = $\frac{2}{5}$ 80 % = $\frac{4}{5}$
$\frac{3}{4}$ von 120 € = 90 € $\frac{1}{5}$ von 350 € = 70 € $\frac{2}{5}$ von 550 € = 220 € $\frac{4}{5}$ von 250 € = 200 €
4. ⊗ Ich dividiere 360 durch 4 und multipliziere das Ergebnis mit 3.
5. a) 360 b) 636 c) 630 d) 213

Problemlösen
Addieren und Subtrahieren

1 Die Summe der Zahlen in zwei nebeneinander liegenden Steinen steht im Stein darüber.

a)

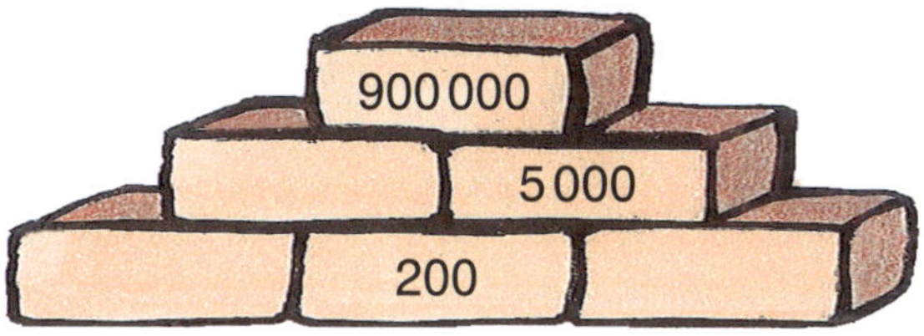

b)

2 Trage die Zahlen richtig ein. Eine Zahl bleibt übrig.

a)

50 000	140 000	310 000
410 000	550 000	

b)

90 000	110 000	150 000	310 000
400 000	820 000		

3

a)

b)

4 Trage die Zahlen richtig ein. Eine Zahl bleibt übrig.

a)

1,8	3,3	4,6	5,1
6,9	7,9	13,0	

b)

0,05	0,5	8,45	8,5
8,95	16,5	17,45	

5 Ergänze die fehlenden Brüche.

a)

b)

c)

d)

6 Auch bei diesen Pyramiden gilt:
Die Summe der Zahlen in zwei nebeneinander liegenden Steinen steht im Stein darüber.

a)

b)

c)

d)

Addieren und Subtrahieren

1 Vervollständige die Zahlenreihe.

a)	550	700	850						1 750
b)	20,5	18,8				12			
c)	−26	−22			−10				
d)	−80		−50						40

2 Verbinde Aufgaben mit dem gleichen Ergebnis.

a)

11,5 + 5,5	34,4 + 3,6
43,8 − 5,8	12,3 + 1,2
29,1 + 3,4	20,5 − 3,5
15,9 − 2,4	40 − 7,5

b)

12 − 14	6 − 18
7 − 12	−5 + 3
−15 + 16	19 − 24
−4 − 8	−5 + 6

3 Hier wird immer addiert oder subtrahiert. Trage ein.

a) 3,4 —(+ 7,1)→ ___ → 9,9 —(+ 12,5)→ ___ → 18,6

b) −14 —(+ 12)→ ___ —(+ 10)→ ___ → −12 → 0

c) 7 → −11 → 2 —(− 17)→ ___ —(− 15)→ ___

4 Rechne aus. Wie heißen die anderen Aufgaben im Päckchen?

a) 28 + 98 = ______
48 + 98 = ______
68 + 98 = ______
___ + 98 = ______
______ = ______
______ = ______

b) 2,9 + 1,4 = ______
2,9 + 1,7 = ______
2,9 + 2,0 = ______
2,9 + ___ = ______
______ = ______
______ = ______

c) 300 − 400 = ______
300 − 500 = ______
300 − 600 = ______
300 − ___ = ______
______ = ______
______ = ______

5 Alle Aufgaben haben als Ergebnis die Zahl im roten Feld. Trage die fehlenden Zahlen ein.

a) 302	b) 12,3	c) −7	d) −3
296 + ___	9,8 + ___	2 − ___	7 − ___
___ + 17	___ + 1,7	−8 + ___	___ − 5
401 − ___	___ − 2,9	−5 − ___	___ + 6
___ − 39	16,1 − ___	1 − ___	−12 + ___

Multiplizieren und Dividieren

1 Trage die fehlenden Zahlen ein.

a)

·	3		
1,2			6
2,3		4,6	
	1,5		

b)

·		1,2	
4	44		3,2
	7,7		
			0,72

2

a)

:	6	9	2
1,8			
36			
5,4			

b)

:	6	3	
	1,2		0,9
4,8			
		0,8	

3 Hier wird immer multipliziert oder dividiert. Trage ein.

a) 3,6 —(: 3)→ ☐ —(: 4)→ ☐ → 2,4 → 0,6

b) ☐ —(: 6)→ 3,1 —(· 5)→ ☐ —(· 3)→ ☐ —(· 2)→ ☐

c) 30,5 —(: 5)→ ☐ —(· 8)→ ☐ —(: 4)→ ☐ → 122

4 Verbinde mit der Aufgabe, die das gleiche Ergebnis hat.

a)

100 : 25	$\frac{1}{3}$ von 90
3 · 1,5	$\frac{1}{4}$ von 16
60 · 0,5	50 % von 9

b)

$\frac{3}{4}$ von 8	0,1 · 100
4 · 0,25	1 % von 100
$\frac{2}{5}$ von 25	50 % von 12

5 Immer vier Aufgaben haben das gleiche Ergebnis. Verbinde.

$\frac{1}{4}$ von 48	220 : 10	5 · 4,4	$\frac{1}{10}$ von 120
$\frac{2}{3}$ von 33	25 % von 18	0,5 · 24	50 % von 44
45 : 10	10 % von 120	0,9 · 5	450 · 0,01

6 Alle Aufgaben haben als Ergebnis die Zahl im roten Feld.
Trage die fehlenden Zahlen ein.

a) $\frac{1}{2}$

$\frac{1}{4}$ + ____

$\frac{5}{8}$ − ____

____ − $\frac{1}{4}$

b) $\frac{1}{4}$

1 − ____

$\frac{1}{2}$ · ____

____ + $\frac{1}{8}$

c) $\frac{3}{4}$

____ + $\frac{1}{4}$

1 − ____

2 · ____

d) $\frac{2}{3}$

$\frac{1}{3}$ + ____

1 − ____

____ + $\frac{1}{6}$

e) $\frac{5}{6}$

1 − ____

____ · $\frac{1}{6}$

$\frac{2}{3}$ + ____

Multiplizieren und Dividieren

1 Immer abwechselnd : 2, dann · 3. Trage die Zahlen ein.

a)	16	8	24	12						
b)	4,8	2,4	7,2							
c)	9,6	4,8	14,4							

2 Finde die Regel, dann trage die Zahlen ein.

a)	0,2	0,8	0,4							

Regel: immer abwechselnd _____, dann _____.

b)	1,2	0,4	2,4							

Regel: immer abwechselnd _____, dann _____.

c)	6,25	12,5	2,5							

Regel: immer abwechselnd _____, dann _____.

3 Trage die Zahlen ein. Eine Zahl bleibt übrig.

1 % von _______ = 10   20 % von _______ = 10   25 · _______ = 10

15 000 : _______ = 10   40 · _______ = 10   20 · _______ = 10

$\frac{1}{4}$ von _______ = 10 $\frac{2}{5}$ von _______ = 10 $\frac{2}{3}$ von _______ = 10

0,25	0,4	0,5	4	15	25	40	50	1 000	1 500

4 Rechne aus. Wie heißen die anderen Aufgaben im Päckchen?

a)	b)	c)
0,12 · 4 = _____	1,8 · 6 = _____	2,4 : 6 = _____
1,2 · 4 = _____	1,8 · 60 = _____	24 : 6 = _____
12 · 4 = _____	1,8 · 600 = _____	240 : 6 = _____
120 · _ = _____	_____ = _____	_____ = _____
___ · _ = _____	_____ = _____	_____ = _____
___ · _ = _____	_____ = _____	_____ = _____

5 Alle Aufgaben haben als Ergebnis die Zahl im roten Feld. Trage die fehlenden Zahlen ein.

a) 6,3	b) 7,2	c) 9,6	d) 16	e) 16,5
7 · _____	8 · _____	6 · _____	0,8 · _____	1,5 · _____
_____ · 2,1	_____ · 3,6	_____ · 3,2	_____ · 3,2	_____ · 0,5
12,6 : _____	21,6 : _____	38,4 : _____	320 : _____	330 : _____
_____ : 3	_____ : 4	_____ : 2	_____ : 0,5	_____ : 3

Vermischte Übungen

1 Alle Aufgaben haben als Ergebnis die Zahl im roten Feld. Trage die fehlenden Zahlen ein.

a) 150	b) 25,5	c) 12,4	d) 240
$\frac{3}{4}$ von ___	5 · ___	20% von ___	1 000 · ___
25 % von ___	41,2 – ___	$\frac{1}{3}$ von ___	60 % von ___
1,5 · ___	$\frac{1}{2}$ von ___	4,8 + ___	$\frac{3}{4}$ von ___
900 : ___	102 : ___	50,2 – ___	1 000 – ___

2 Hier wird immer addiert, subtrahiert, multipliziert oder dividiert. Trage die fehlenden Zahlen ein.

a) –5 →(+ 8)→ ☐ →(· 0,5)→ ☐ →(· 3)→ ☐ → 20

b) 7 → –4 → 5 →(· 2,4)→ ☐ →(: 100)→ ☐

c) ☐ →(– 10,5)→ 3,5 →(· 5)→ ☐ → 14 → –6

3 Von links nach rechts, von oben nach unten und auch schräg gibt es dieselbe Summe.

a) Summe $\frac{3}{4}$

$\frac{1}{4}$		
	$\frac{1}{4}$	
	$\frac{3}{8}$	

b) Summe $\frac{3}{5}$

$\frac{1}{5}$		
		$\frac{3}{10}$
$\frac{3}{10}$		

c) Summe 1

	$\frac{1}{6}$	
	$\frac{1}{2}$	$\frac{1}{3}$

4 Immer abwechselnd + 2, dann : 2. Trage die Zahlen ein.

a)	14,8	16,8	8,4	10,4						
b)	46,8	48,8	24,4							
c)	110,8	112,8	56,4							

5 Finde die Regel, dann trage die Zahlen ein.

a)	16,01	12,01	24,02							

Regel: immer abwechselnd – ___, dann · ___.

b)	520,8	512,8	256,4							

Regel: immer abwechselnd – ___, dann : ___.

c)	8,1	16,2	5,4							

Regel: immer abwechselnd · ___, dann : ___.

Gewichte bestimmen

1 Wie viel Gramm wiegt eine Frucht?

a)

____ g

b)

____ g

c)

____ g

d)

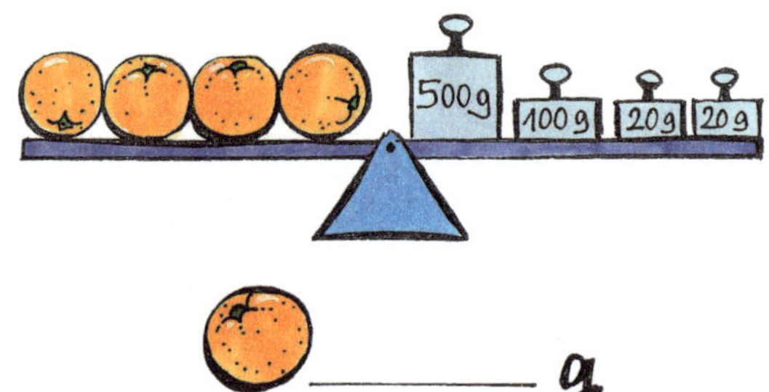

____ g

2 Wie viel Gramm wiegt ein Gegenstand?

a)

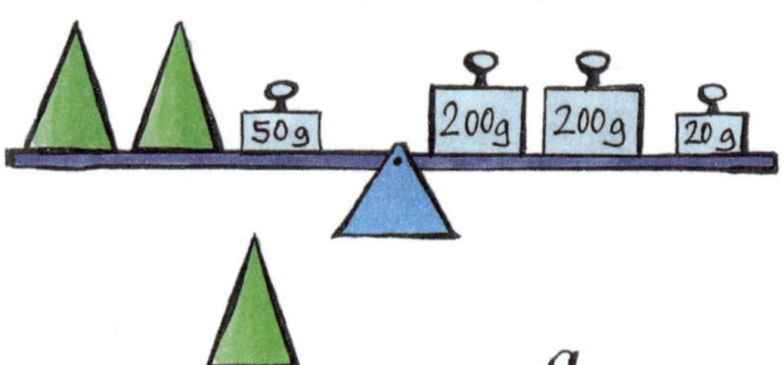

____ g

b)

____ g

c)

____ g

d)

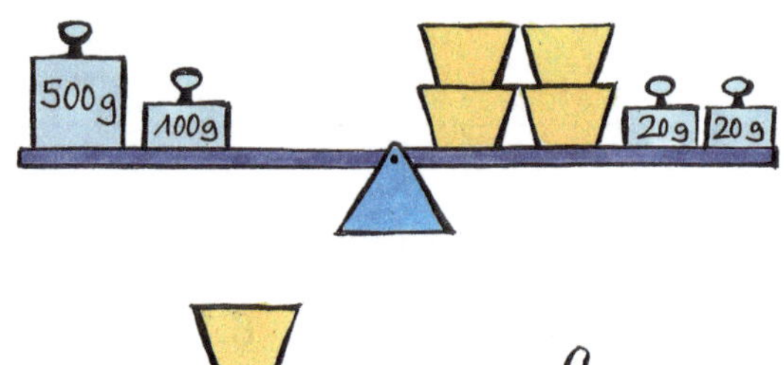

____ g

3 Hier brauchst du 2 Waagebilder.
Wie schwer ist jeder Gegenstand?

a)

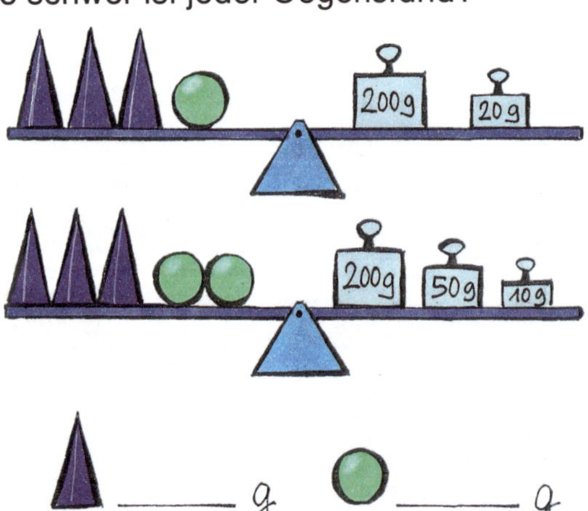

____ g ____ g

b)

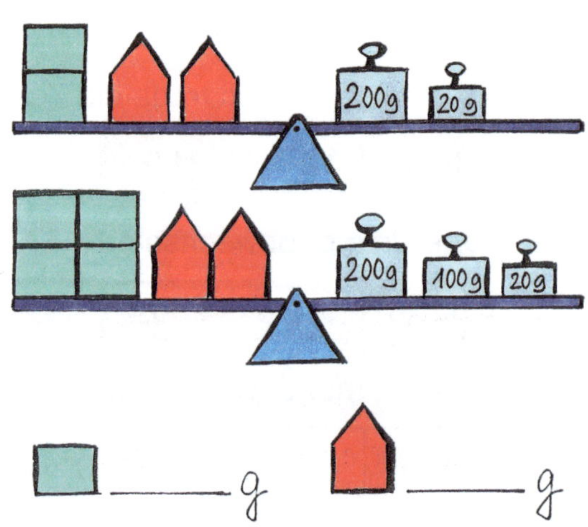

____ g ____ g

Probleme mithilfe von Gleichungen lösen

1

Wie teuer ist eine Eintrittskarte?
Stelle eine Gleichung auf und löse sie.

A: ______________________________

2 Bestimme den Preis mit einer Gleichung.

a)

Eine Brille kostet __________ €.

b)

Eine Schläger kostet __________ €.

3 Löse die Aufgabe mit Hilfe der zugehörigen Gleichung. Eine Gleichung bleibt übrig.

$4 \cdot x + 8{,}60 = 50$ $4 \cdot x + 4 \cdot 8{,}60 = 50$ $4 \cdot x - 8{,}60 = 50$

a) Frau Arp kauft für den Sportverein 4 Paar Socken zu je 8,60 € und 4 T-Shirts. Sie bezahlt insgesamt genau 50 €. Wie viel Euro kostet ein T-Shirt?

A: ______________________________

b) Herr Silk kauft für den Sportverein 4 Bälle. Er bekommt 8,60 € Rabatt. Er bezahlt noch genau 50 €. Wie viel Euro kostet ein Ball?

A: ______________________________

Probleme mithilfe von Gleichungen lösen

1

Der mittlere Baumstamm ist doppelt so lang wie der kürzeste, der längste Baumstamm ist sogar dreimal so lang. Zusammen sind die drei Baumstämme 36 m lang.
Wie lang ist jeder Baumstamm?

A: Der kürzeste Baumstamm ist ____ m lang,

der mittlere Baumstamm ____ m und der

längste Baumstamm ist ____ m lang.

Länge des kürzesten Stammes:
x

Länge des mittleren Stammes:
2 x

Länge des längsten Stammes:
3 x

x + 2 x + 3 x = 36

2

Auf einer dreitägigen Radtour legen Laura und Jenny insgesamt 63 km zurück.
Am zweiten Tag fahren sie doppelt so weit wie am ersten Tag, am dritten Tag viermal so weit wie am ersten Tag.
Wie weit fahren sie an jedem der drei Tage?

A: Am ersten Tag fahren sie ____ km,

am zweiten Tag sind es ____ km,

und am dritten Tag fahren sie ____ km.

Strecke am 1. Tag: x

3

Von März bis Mai hat Sarah insgesamt 180 € gespart.
Im April hat sie 20 € mehr gespart als im März. Im Mai waren es sogar 40 € mehr als im März.
Wie viel Euro hat Sarah in jedem der drei Monate gespart?

A: Im März hat Sarah ____ € gespart,

im April waren es ____ €,

und im Mai hat Sarah ____ € gespart.

4

Wie groß ist jedes der drei Kinder?

A: Lea ist ____ m groß, Jan ist ____ m groß,

und Max ist ____ m groß.

Körpernetze

1 Nur zwei der Figuren sind Körpernetze. Kreuze an.

a) Quader

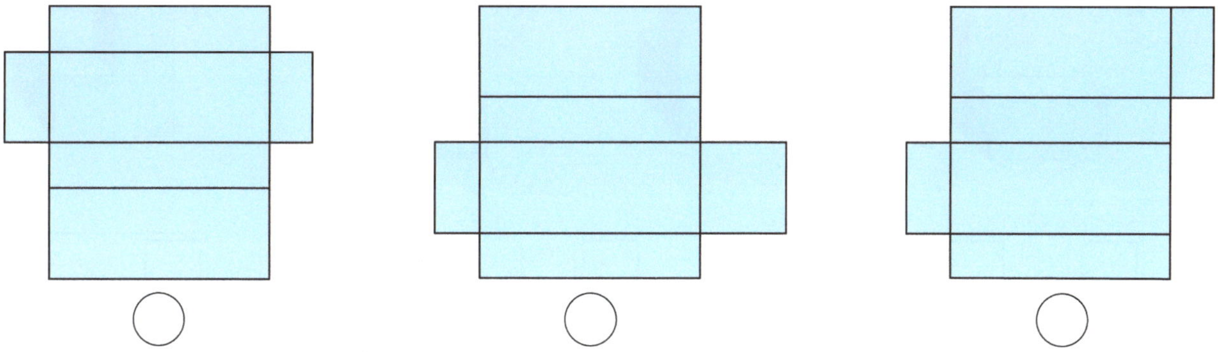

b) Dreieckssäule

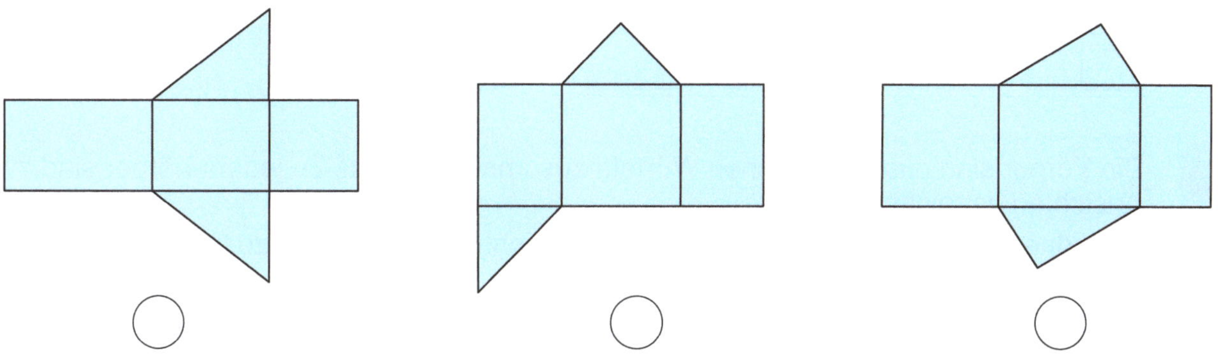

c) Pyramide

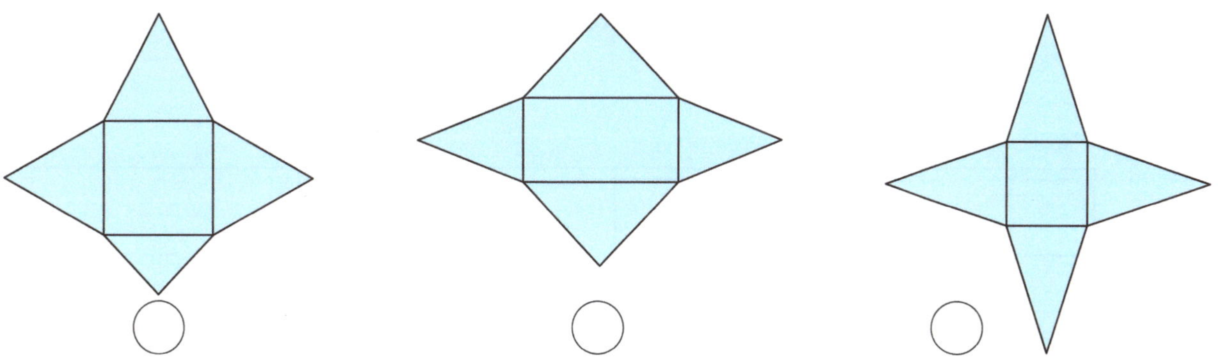

2 Eine Fläche fehlt im Körpernetz. Zeichne sie ein.
Trage den Namen des Körpers ein.

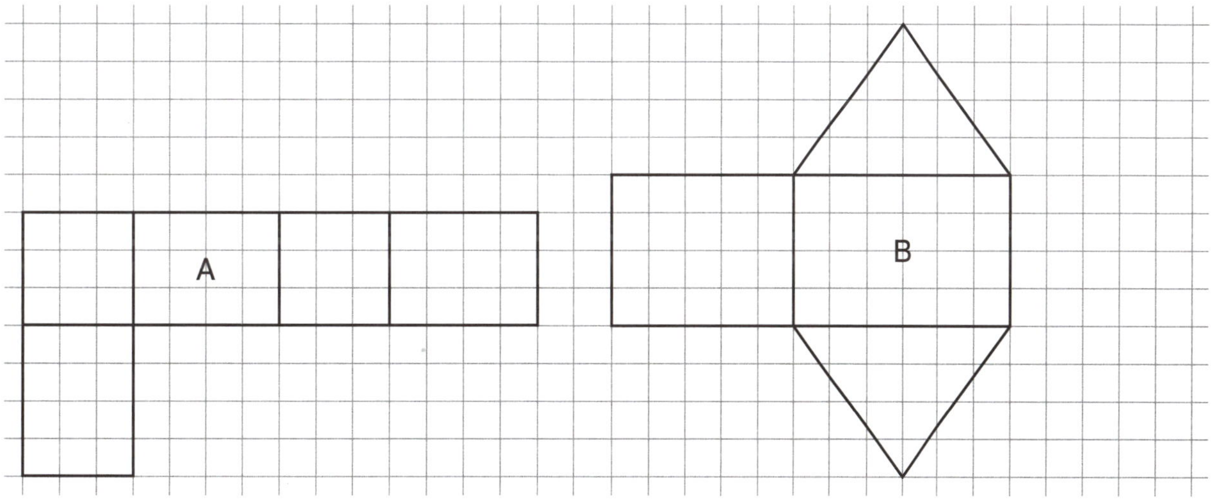

______________ ______________

Ansichten von Körpern

1 Die Körper sind aus vier gleichen Würfeln zusammengesetzt.
Ordne die Zeichnungen mit den drei Ansichten den Körpern zu.

A 

B 

C 

D 

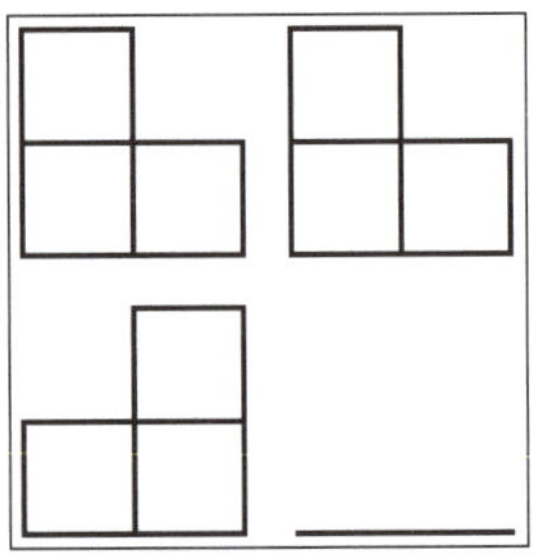 ____

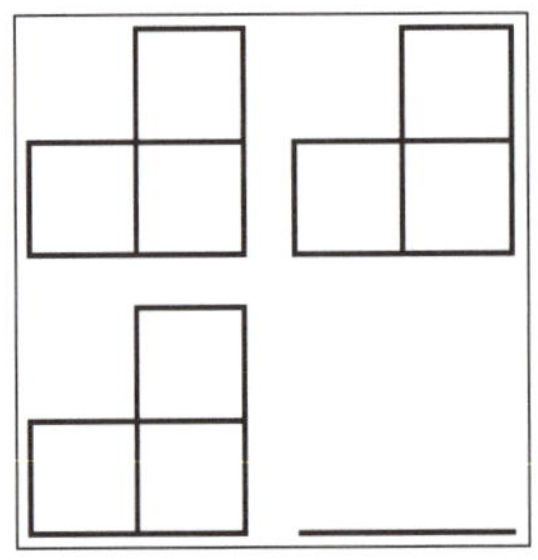 ____

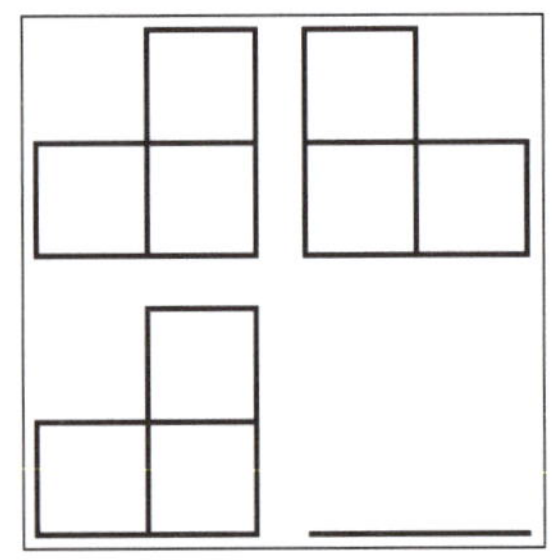 ____

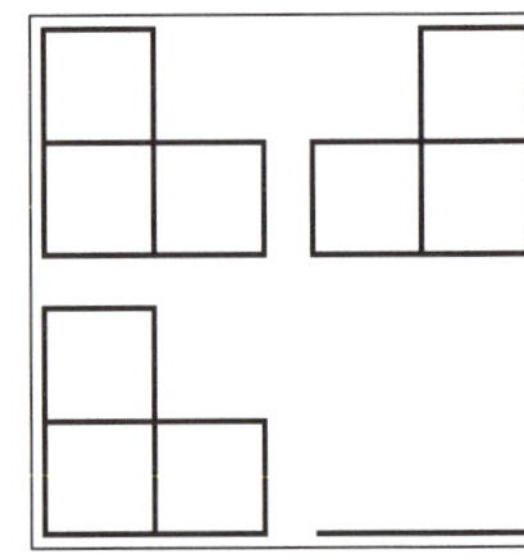 ____

2 Die Körper sind aus vier gleichen Würfeln zusammengesetzt. Zu jedem Körper sind zwei Ansichten gezeichnet.

a) Ordne die Zeichnungen mit den beiden Ansichten den Körpern zu.

b) Zeichne die fehlende Ansicht.

A 

B 

C 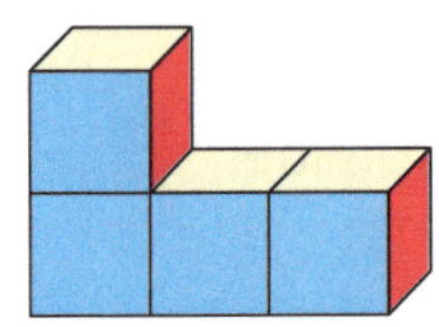

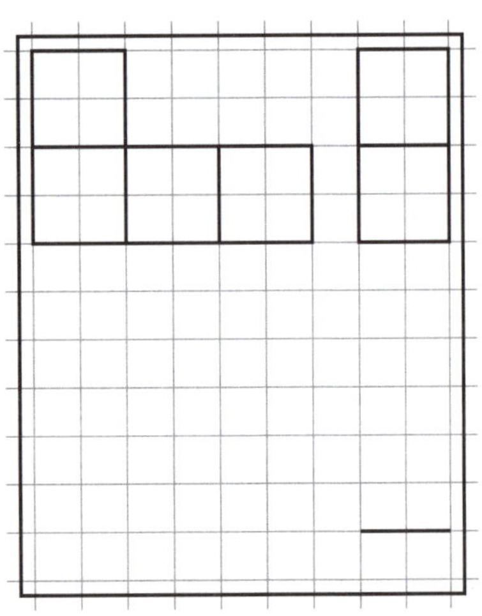 ____

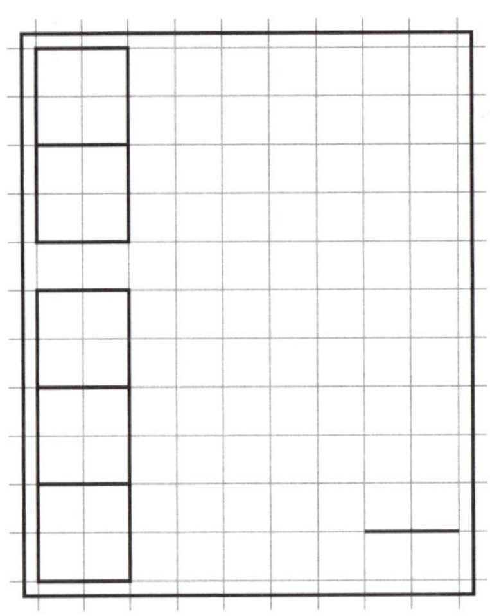 ____

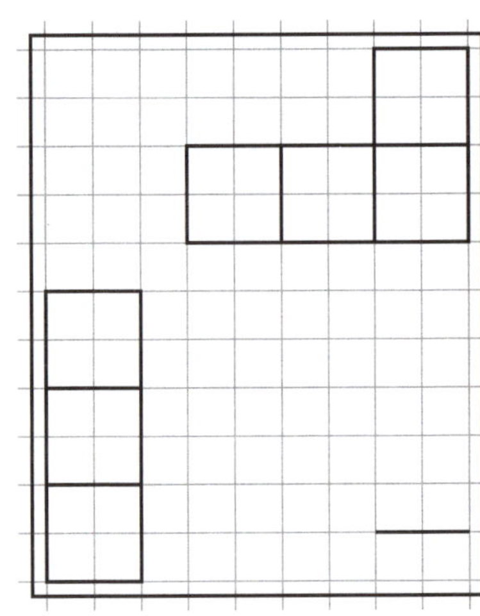 ____

3 Der Körper ist aus fünf gleichen Würfeln zusammengesetzt. Zeichne die drei Ansichten.

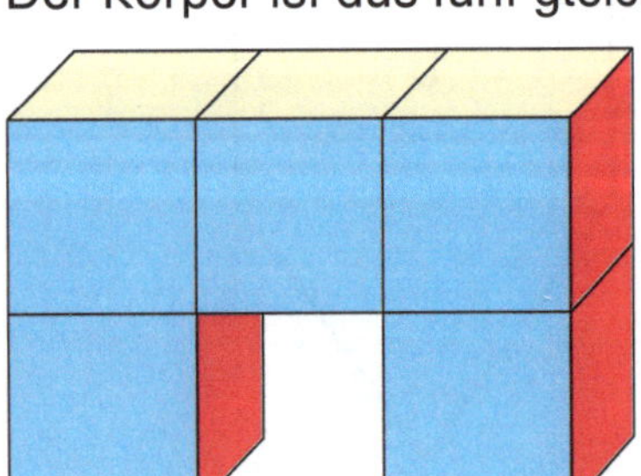

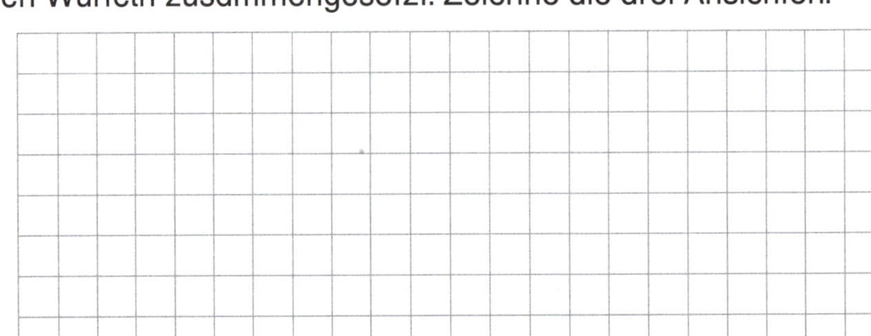

Figuren in gleiche Teilfiguren zerlegen

1 Zerlege die Figur in vier gleiche Teilfiguren der angegebenen Form und Größe.

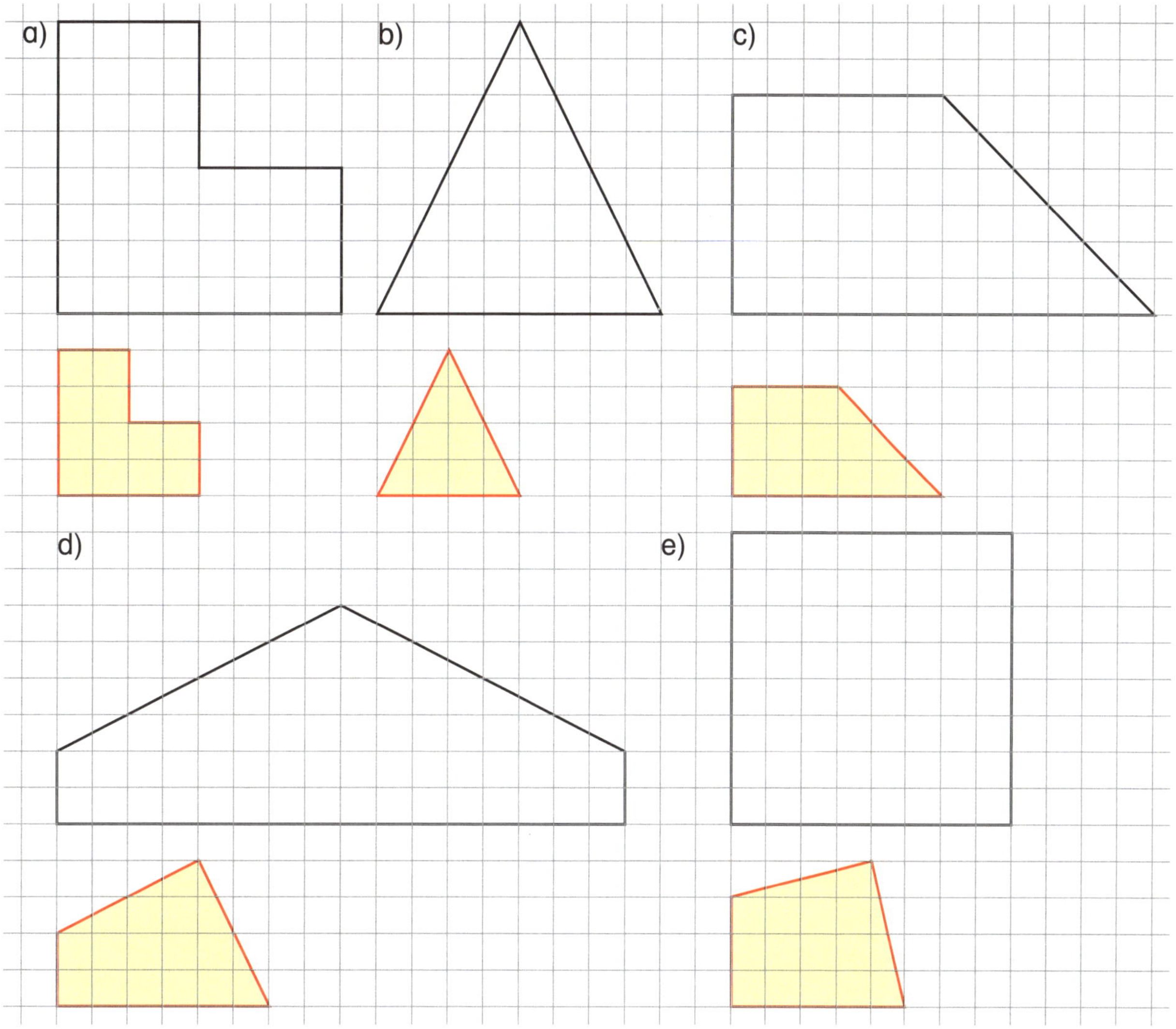

2 Die Dreiecke sind gleichseitig. Zerlege sie in die angegebenen Teilfiguren gleicher Form und Größe. Die roten Punkte helfen dir.

a) 2 Dreiecke b) 3 Dreiecke c) 4 Dreiecke d) 6 Dreiecke

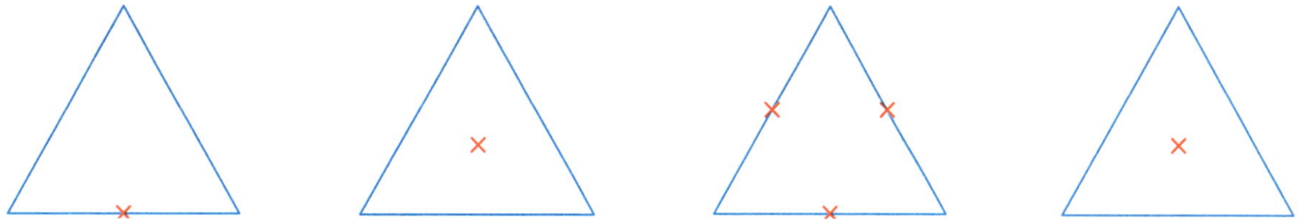

3 Zerlege das regelmäßige Sechseck in die angegebenen Teilfiguren gleicher Form und Größe.

a) 6 Dreiecke b) 2 Trapeze c) 3 Parallelogramme

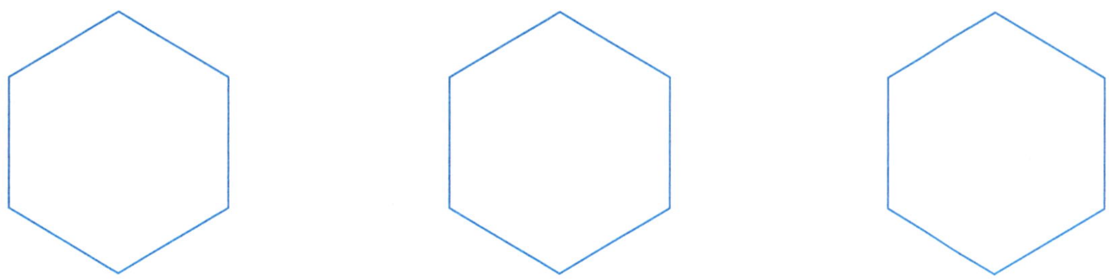

Längen und Flächeninhalte bestimmen

1 Das Rechteck ist in kleinere Rechtecke zerlegt. Bestimme die fehlenden Längen und Flächeninhalte.

a)
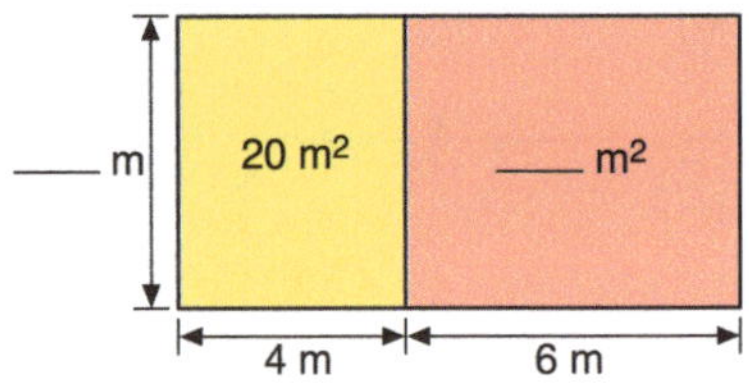

b)
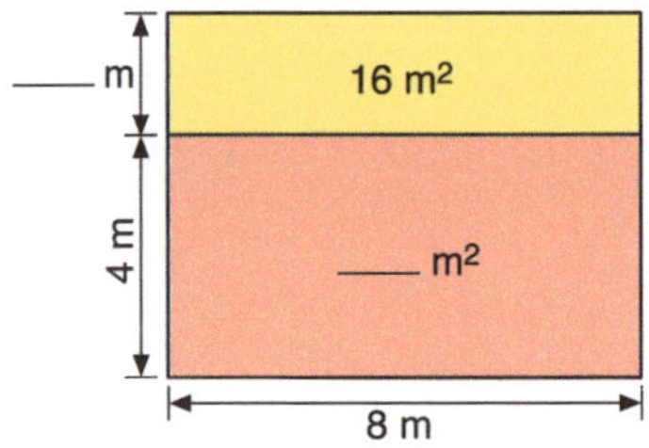

c)
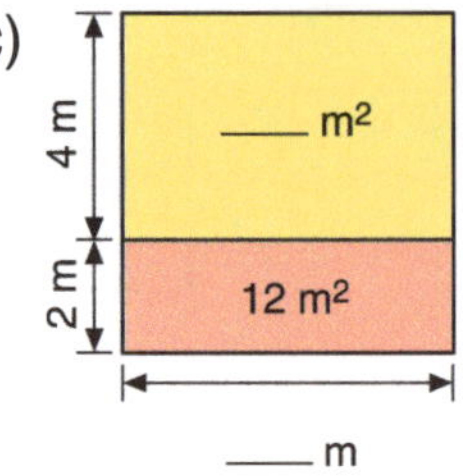

d)
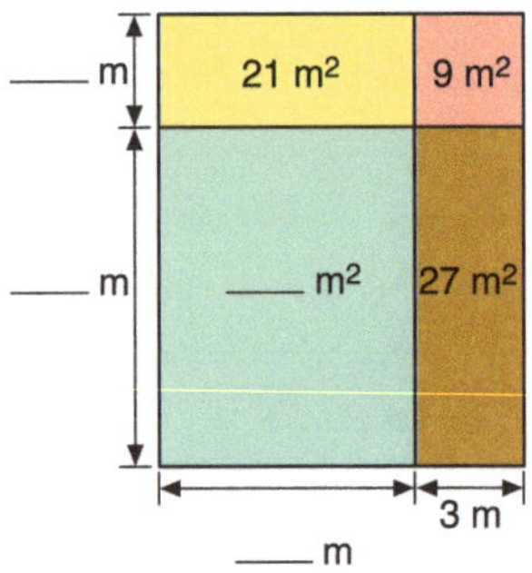

e)
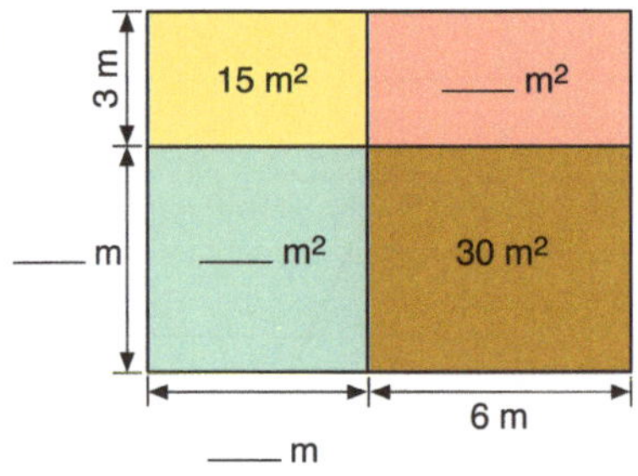

f)
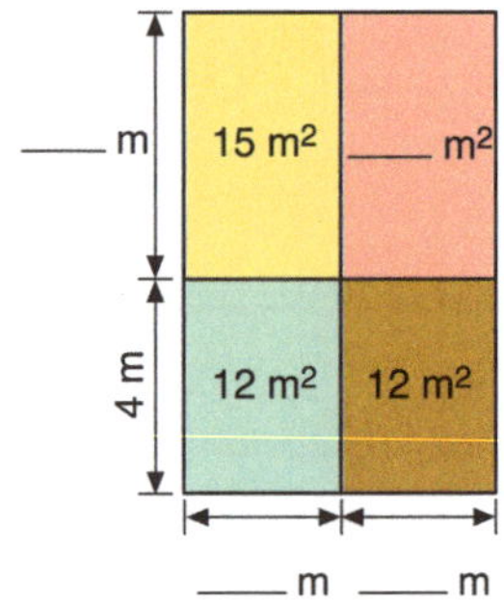

2 Das Rechteck ist zerlegt. Bestimme die fehlenden Längen und Flächeninhalte.

a)
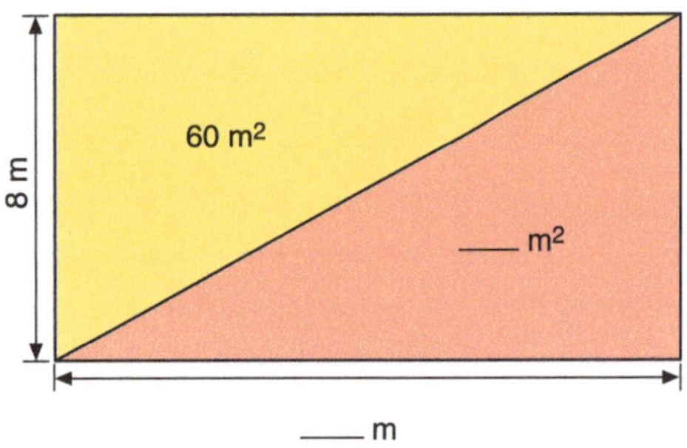

b)
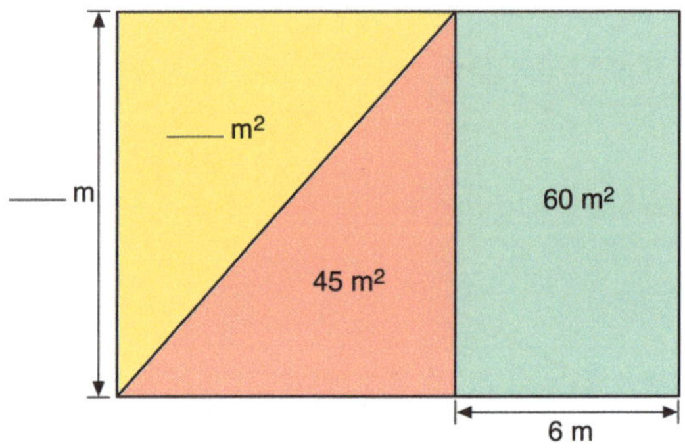

c)
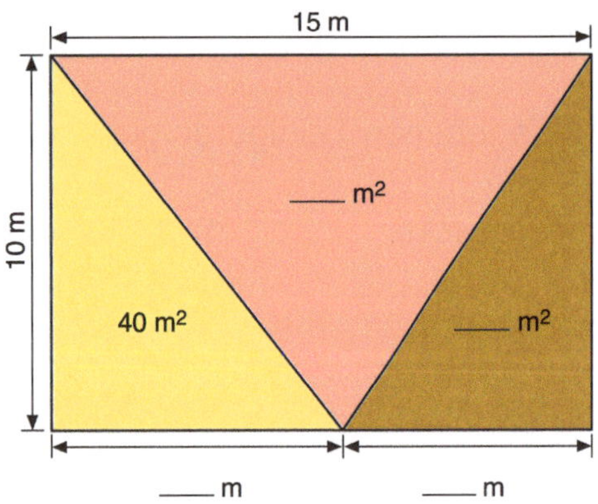

d)
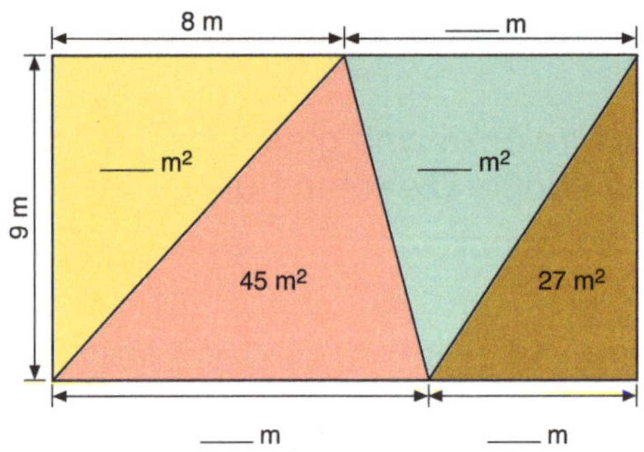

3 Dreimal das gleiche Trapez. Bestimme die Flächeninhalte der Teilfiguren.

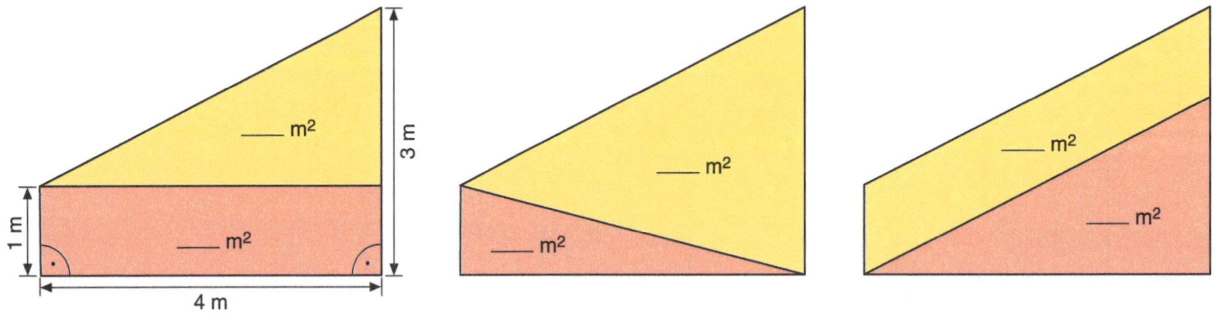

Argumentieren und Kommunizieren
Rechenpyramiden

1 Die Summe von zwei unteren Zahlen ist die Zahl im Stein darüber.

a) In den Steinen der unteren Schicht steht bei diesen Pyramiden immer derselbe Bruch.

b) Vergleiche immer die Brüche in den verschiedenen Schichten.
Was stimmt? Kreuze an.

- ◯ Der Bruch im oberen Stein ist das Vierfache des Bruchs in der unteren Schicht.
- ◯ Der Bruch im oberen Stein ist ein Viertel des Bruchs in der unteren Schicht.
- ◯ Der Bruch in der mittleren Schicht ist die Hälfte des Bruchs im oberen Stein.
- ◯ Der Bruch in der mittleren Schicht ist das Doppelte des Bruchs in der unteren Schicht.

c) In der unteren Schicht soll immer derselbe Bruch stehen. Ergänze die fehlenden Brüche.

2 Auch bei diesen Pyramiden ist die Summe von zwei unteren Zahlen die Zahl im Stein darüber. Ergänze.

a)

b)

c)

d) Welche Aufgabe gehört zur Regel? Trage ein: a), b) oder c)

_____ In der unteren Schicht wird die mittlere Zahl um 1 kleiner. Jede der beiden äußeren Zahlen wird um 2 größer. Die obere Zahl wird um 2 größer.

_____ In der unteren Schicht wird die mittlere Zahl um 1 größer. Jede der beiden äußeren Zahlen wird um 2 kleiner. Die obere Zahl wird um 2 kleiner.

e) Schreibe auch die Regel für die dritte Aufgabe auf.

____

____

Aussagen über Dreiecke und Kreise prüfen

1

a) Miss die Seiten des Dreiecks. Trage die Maße ein.
Berechne dann den Umfang des Dreiecks.

b) Miss die eingezeichnete Höhe. Trage ihre Länge ein.
Berechne dann den Flächeninhalt des Dreiecks.

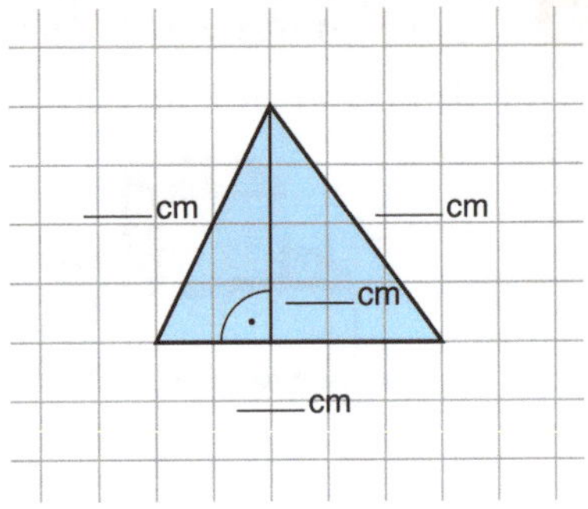

$u = a + b + c$ $\quad$ $A = \frac{g \cdot h}{2}$

u = ______ $\quad$ A = ______

u = ______ $\quad$ A = ______

c) Zeichne das Dreieck 2fach vergrößert. Berechne den Umfang und den Flächeninhalt.

u = ______ $\quad$ A = ______

d) Stimmt die Aussage? Kreuze an.
Wenn man ein Dreieck 2fach vergrößert,

- ◯ verdoppeln sich alle Seitenlängen.
- ◯ verdoppelt sich der Umfang.
- ◯ vervierfacht sich der Flächeninhalt.
- ◯ vervierfacht sich der Umfang.

Wenn man ein Dreieck 2fach verkleinert,

- ◯ halbiert sich der Flächeninhalt.
- ◯ halbiert sich der Umfang.
- ◯ ist der neue Flächeninhalt $\frac{1}{4}$ des alten.
- ◯ wird der Umfang um 2 cm kleiner.

2

Ein Kreis hat den Radius 3 cm.

a) Berechne den Umfang und den Flächeninhalt des Kreises. Rechne mit 3,14 für π.

$u = 2 \cdot \pi \cdot r$ $\quad$ $A = \pi \cdot r^2$

u = ______ $\quad$ A = ______

u = ______ $\quad$ A = ______

b) Der Kreis wird 2fach vergrößert.
Berechne Radius, Umfang und Flächeninhalt des großen Kreises.

Radius r = ______

Umfang u = ______

Flächeninhalt A = ______

c) Stimmt die Aussage? Kreuze an.
Wenn man einen Kreis zweifach vergrößert,

- ◯ verdoppelt sich der Radius.
- ◯ vervierfacht sich der Umfang.
- ◯ vervierfacht sich der Flächeninhalt.
- ◯ verdoppelt sich der Umfang.

Aussagen über Körper prüfen

1 a) Berechne das Volumen für jeden der drei Körper. Rechne mit 3,14 für π.

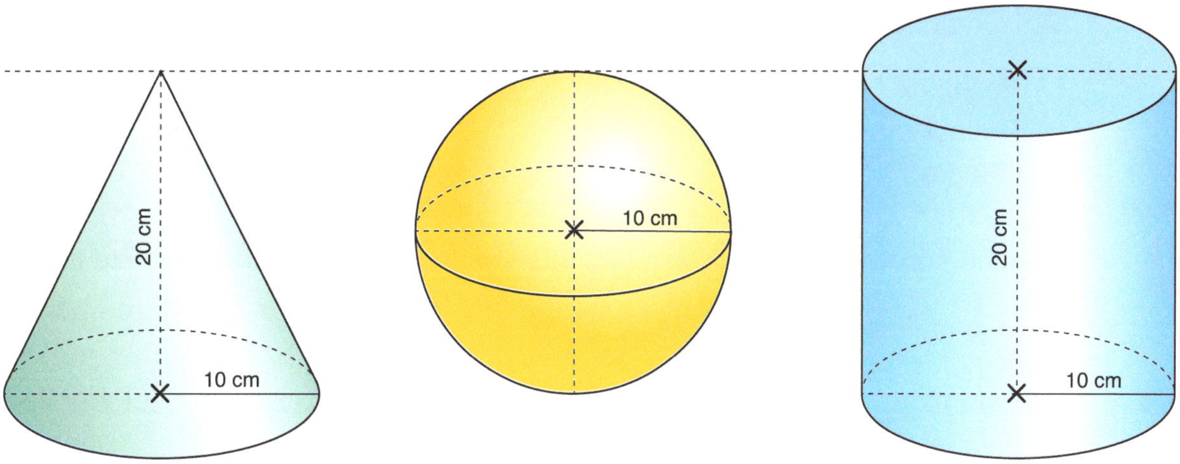

$V = \frac{1}{3}\pi \cdot r^2 \cdot k$ $\quad$ $V = \frac{4}{3}\pi \cdot r^3$ $\quad$ $V = \pi \cdot r^2 \cdot k$

Kegel: V = ____________ Kugel: V = ____________ Zylinder: V = ____________

b) *Das Volumen der Kugel ist doppelt so groß wie das Volumen des Kegels.*
Prüfe diese Aussage wie Miriam und wie Tobias. Rechne mit dem Taschenrechner oder in deinem Heft.

c) Wie viel mal so groß wie das Volumen des Kegels ist das Volumen des Zylinders? Schreibe dazu eine Aussage auf.

____

Überprüfe deine Aussage. Schreibe auf, wie du vorgehst. Rechne mit dem Taschenrechner oder in deinem Heft.

____

d) Vergleiche das Volumen der Kugel mit dem Volumen des Zylinders. Runde die Zahlen auf Tausender, um eine Aussage dazu zu finden. Schreibe die Aussage auf.

____

Überprüfe deine Aussage. Schreibe auf, wie du vorgehst.

____

Fehler bei Flächen- und Körperberechnungen finden

1 Für welche Figur wird die Berechnung des Flächeninhalts beschrieben? Kreuze an.

a) A = Grundseite · Höhe

- ◯ Rechteck
- ◯ Dreieck
- ◯ Quadrat
- ◯ Parallelogramm
- ◯ Trapez
- ◯ Kreis

b) A = Grundseite · Höhe geteilt durch 2

- ◯ Dreieck
- ◯ Trapez
- ◯ Parallelogramm
- ◯ Halbkreis
- ◯ Quadrat
- ◯ Rechteck

2 Für welche Körper wird die Berechnung des Volumens beschrieben? Kreuze an.

a) V = Grundfläche · Körperhöhe

- ◯ Pyramide
- ◯ Quader
- ◯ Würfel
- ◯ Dreieckssäule
- ◯ Zylinder
- ◯ Kegel

b) V = Grundfläche · Körperhöhe geteilt durch 3

- ◯ Zylinder
- ◯ Kegel
- ◯ Dreieckssäule
- ◯ Pyramide
- ◯ Kugel
- ◯ Würfel

3 Kreuze an, welcher Fehler bei der Berechnung des Flächeninhalts gemacht wird.

a)

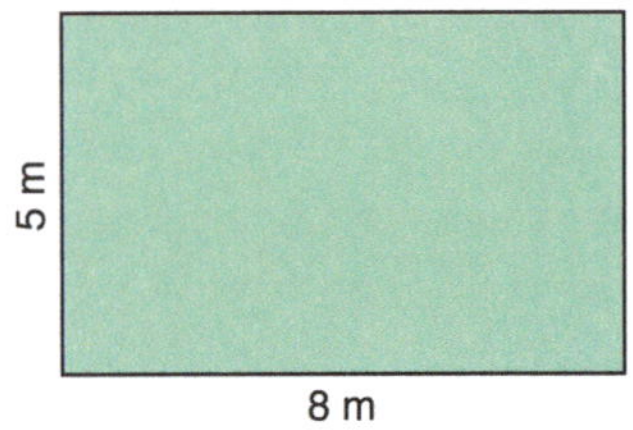

A = 5 · 8
A = 48 m²

- ◯ Der Umfang wird berechnet.
- ◯ Fehler beim Ausrechnen.

b)

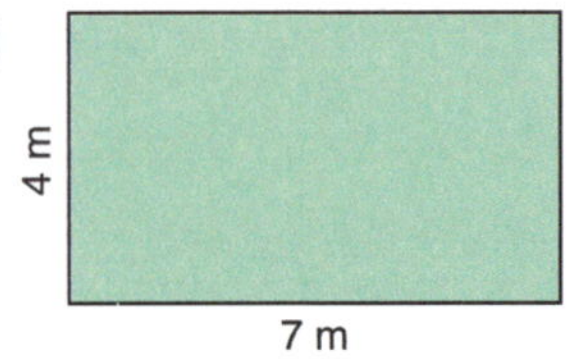

A = 2 · 7 + 2 · 4
A = 22 m²

- ◯ Der Umfang wird berechnet.
- ◯ Die Einheit ist falsch.

c)

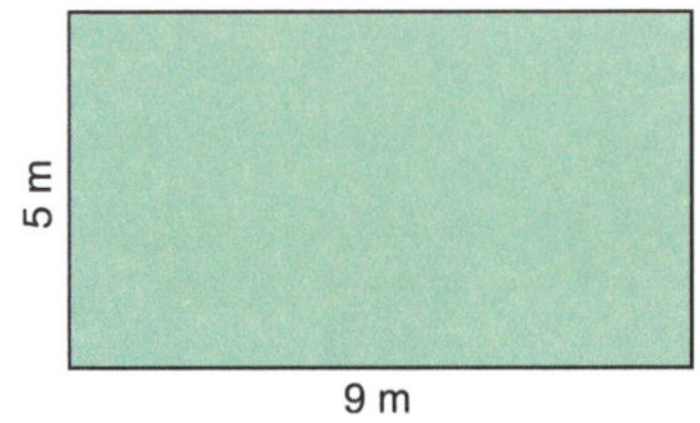

A = 5 · 9
A = 45 m

- ◯ Die Einheit ist falsch.
- ◯ Fehler beim Ausrechnen.

d)

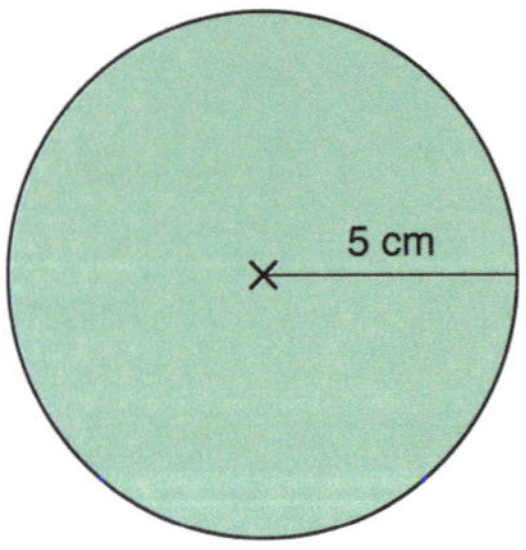

$A = 2 \cdot \pi \cdot r^2$
$A = 2 \cdot 3{,}14 \cdot 5 \cdot 5$
$A = 157\ cm^2$

- ◯ Falsche Formel
- ◯ Fehler beim Ausrechnen

e)

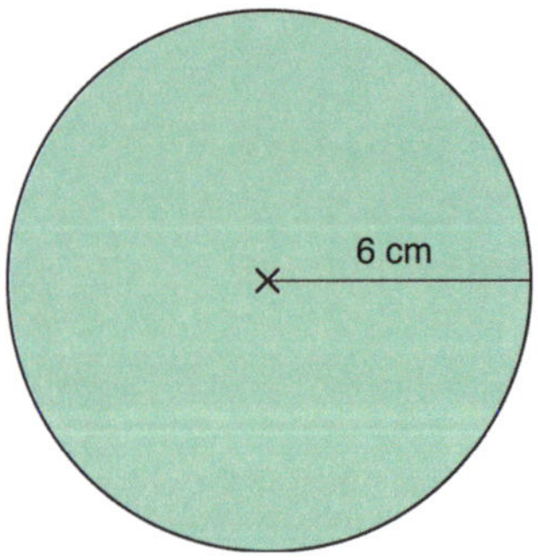

$A = \pi \cdot r$
$A = 3{,}14 \cdot 6$
$A = 18{,}84\ cm^2$

- ◯ Falsche Formel
- ◯ Falsche Zahl eingesetzt

f)

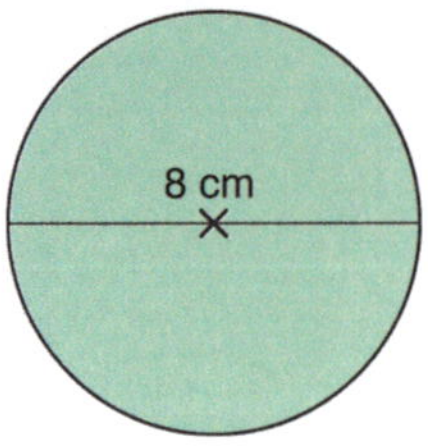

$A = \pi \cdot r^2$
$A = 3{,}14 \cdot 8 \cdot 8$
$A = 200{,}96\ cm^2$

- ◯ Falsche Formel
- ◯ Falsche Zahl eingesetzt

4 Bei der Berechnung der Kreisfläche wurde das Komma falsch gesetzt. Berichtige.

a) r = 10 cm
A = 31,4 cm²

A = ____________

b) r = 5 cm
A = 7,85 cm²

A = ____________

c) r = 2 cm
A = 125,6 cm²

A = ____________

d) r = 3 cm
A = 282,6 cm²

A = ____________

Fachbegriffen Rechenausdrücke zuordnen, Gleichungen aufstellen und interpretieren

1 Im Kasten stehen Rechenausdrücke mit einer Zahl x.
In den farbigen Feldern steht, was berechnet wird. Zu jedem Feld gehören zwei Rechenausdrücke.
Trage sie ein.

$2 \cdot x$	$x + 2$	$x : 2$
$2 + x$	$x + x$	$\frac{1}{2} \cdot x$

Das Doppelte von x	Die Summe von x und 2	Die Hälfte von x
______	______	______
______	______	______

2 Schreibe auf, was mit dem Rechenausdruck berechnet wird.

a) $x + 5$ ______ b) $5 \cdot x$ ______

c) $x : 5$ ______ d) $5 + x$ ______

3 Schreibe den Rechenausdruck zur Rechnung auf.

a) x wird mit 4 multipliziert. ______

b) x wird zu 4 addiert. ______

c) x wird durch 4 dividiert. ______

d) Von x wird 4 subtrahiert. ______

4 Stelle die Gleichung zum Rätsel auf. Löse die Gleichung.

a) *Ich denke mir eine Zahl, multipliziere sie mit 7, addiere 5 zum Ergebnis und erhalte 40.*

b) *Ich denke mir eine Zahl, multipliziere sie mit 5, subtrahiere 9 vom Ergebnis und erhalte 41.*

5 Schreibe ein Zahlenrätsel zur Gleichung auf. Löse die Gleichung.

a) $6 \cdot x + 4 = 46$

b) $7 \cdot x - 8 = 76$

______

______

______

Aussagen in der Prozentrechnung prüfen, Lösungswege nachvollziehen

1

a) Eine Einbauküche kostet 4 500 €.
Der Preis wird um 20 % ermäßigt.
Bei Barzahlung gewährt der Händler 10 % Rabatt.
Berechne zuerst den ermäßigten Preis, dann den Preis, der bei Barzahlung zu zahlen ist.

b) Was stimmt? Kreuze an.

- ◯ Der Barzahlungspreis ist 30 % niedriger als der ursprüngliche Preis.
- ◯ Die Einbauküche kostet 72 % des ursprünglichen Preises.

2

a) Der Listenpreis eines Neuwagens beträgt 15 900 €. Durch eine Zusatzausstattung erhöht sich der Preis um 10 %.
Berechne den Preis, der für den Wagen mit Zusatzausstattung zu zahlen ist.

b) Was stimmt? Kreuze an.

- ◯ Mit Zusatzausstattung kostet der Wagen 110 % des Listenpreises.
- ◯ Der Listenpreis beträgt 90 % des Preises für den Wagen mit Zusatzausstattung.

3

Hier wird vorteilhaft gerechnet. Trage die fehlenden Brüche ein. Ergänze die Rechnung.

75 % von 120 €	20 % von 350 €	40 % von 550 €	80 % von 250 €
75 % = $\frac{3}{4}$	20 % = ______	40 % = ______	80 % = ______
$\frac{3}{4}$ von 120 € = ______	___ von 350 € = ______	___ von 550 € = ______	___ von 250 € = ______

4

Du weißt, dass 0,75 = $\frac{3}{4}$ ist. Damit kannst du die Aufgabe 0,75 · 360 im Kopf rechnen.
Kreuze an, wie du rechnest.

- ◯ Ich multipliziere 0,75 und 360 schriftlich.
- ◯ Ich addiere 0,75 und 360.
- ◯ Ich dividiere 360 durch 4 und multipliziere das Ergebnis mit 3.
- ◯ Ich dividiere 360 durch 3 und multipliziere das Ergebnis mit 4.

5

Rechne im Kopf.

a) 0,75 · 480 = ______________ b) 0,75 · 848 = ______________

c) 0,75 · 840 = ______________ d) 0,75 · 284 = ______________